新型职业农民培育系列教材

农民素养
与现代生活

◎杨 愉 苗畅茹 崔改泵 主编

中国农业科学技术出版社

图书在版编目（CIP）数据

农民素养与现代生活／杨愉，苗畅茹，崔改泵主编.—北京：中国农业科学技术出版社，2017.7

ISBN 978-7-5116-3137-4

Ⅰ.①农… Ⅱ.①杨…②苗…③崔… Ⅲ.①农民-素质教育-中国-教材 Ⅳ.①D422.6

中国版本图书馆CIP数据核字（2017）第145891号

责任编辑	于建慧
责任校对	贾海霞
出版者	中国农业科学技术出版社
	北京市中关村南大街12号　邮编：100081
电　话	（010）82109194（编辑室）　（010）82109702（发行部）
	（010）82109709（读者服务部）
传　真	（010）82106650
网　址	http://www.castp.cn
经销者	各地新华书店
印刷者	北京富泰印刷有限责任公司
开　本	850mm×1168mm　1/32
印　张	6
字　数	156千字
版　次	2017年7月第1版　2017年7月第1次印刷
定　价	24.80元

版权所有·翻印必究

《农民素养与现代生活》编委会

主　编：杨　愉　苗畅茹　崔改泵

副主编：徐平德　刘立娟　孙颖捷　李文杰
　　　　　鲍树忠　薛文武　何亚洲　冯艳玲

编　委：孙天艳　郝蕴琪　郭传利　王奎珍
　　　　　郭珍荣　徐青丰　张修发　李景江
　　　　　葛清华　莫洁琳　李龙梅　陈　凯
　　　　　欧阳玉娟

前　言

建设美丽乡村，是党中央深入推进社会主义新农村建设的重大举措，是在农村落实"四个全面"战略布局的总抓手。以美丽乡村建设为主题深化农村精神文明建设，对于提高农民文明素质和农村社会文明程度具有重要意义。

要培育新型农民、优良家风、文明乡风和新乡贤文化，努力使乡风民风美起来；要加大农村环境综合治理力度，提高村庄布局、村落规划和民居设计水平，整治脏乱差、建设洁齐美，努力使农村人居环境美起来；要大力推动农村文化繁荣发展，加快构建农村公共文化服务体系，加大优质文化产品和服务供给，保护好农耕文明、乡土文化，努力使农民文化生活美起来。

由于编者水平所限，加之时间仓促，书中不尽如人意之处在所难免，恳切希望广大读者和同行不吝指正。

编　者

目　　录

第一章　新型农民素养 …………………………………（1）
　　第一节　新型农民的生活素养 ………………………（1）
　　第二节　新型农民的品牌意识 ………………………（9）
　　第三节　新型农民的法律素养 ………………………（27）
　　第四节　新型农民的创业素养 ………………………（38）

第二章　职业农民的职业素养 …………………………（47）
　　第一节　新型职业农民的含义 ………………………（47）
　　第二节　新型职业农民的认定 ………………………（50）
　　第三节　塑造新型职业农民的必要性 ………………（51）
　　第四节　塑造新型职业农民的现实意义 ……………（53）
　　第五节　做学习型的新型职业农民 …………………（54）
　　第六节　职业农民的素质与新能力 …………………（59）

第三章　美化乡风民风 …………………………………（61）
　　第一节　乡村习俗民风的价值 ………………………（61）
　　第二节　我国乡村的社会习俗变迁 …………………（81）
　　第三节　乡村习俗的继承与发扬 ……………………（90）

第四章　形成优良家风 …………………………………（94）
　　第一节　家风是家庭最宝贵的精神财富 ……………（94）
　　第二节　好家风是正能量的源头 ……………………（95）
　　第三节　优良家风代代传 ……………………………（98）
　　第四节　优良家风大有裨益 …………………………（112）

第五章　新乡贤文化 ……………………………………（115）
　　第一节　乡贤文化的概念 ……………………………（115）

第二节　乡贤文化的特征 …………………………（128）
　　第三节　乡贤文化的形态 …………………………（130）
　　第四节　培育乡贤文化建设美丽乡村 ……………（133）

第六章　美化农村人居环境 …………………………（137）
　　第一节　加强农业环境源头治理 …………………（137）
　　第二节　大力推进农村能源建设 …………………（143）
　　第三节　加强生态文化体系建设 …………………（150）
　　第四节　美化农村卫生环境 ………………………（151）

第七章　美化农村文化 ………………………………（156）
　　第一节　农业文化是农民生活的组成部分 ………（156）
　　第二节　乡村文化建设的内涵及其重要意义 ……（164）
　　第三节　当前乡村文化建设的现状及特点 ………（170）
　　第四节　当前乡村文化建设的举措 ………………（175）

参考文献 ………………………………………………（184）

第一章 新型农民素养

第一节 新型农民的生活素养

一、保护美化环境,净化生活空间

(一) 居室污染的来源

①室内建筑和装修产生的有毒有害气体,如甲醛、苯、氨气等。

②房间中的装饰和摆设,如地毯、毛毯和各种装饰物上的致病菌。

③儿童的各种玩具造成的污染,如毛绒玩具中的尘螨污染、木制玩具上油漆的铅污染、塑料玩具的挥发物质等。

④家中饲养宠物狗、猫等,儿童特别愿意与它们玩耍并长时间生活在一起,它们是家庭里造成细菌、真菌、病毒等生物污染的重要根源之一。

⑤幼儿园和学校中,教室里儿童过于密集,每个儿童占有空间过小,容易使室内空气污染加重。

⑥禽畜舍离居室太近,禽畜的排泄物通过空气传播出来的异味。

(二) 厨房和厕所污染的来源

①病从口入,人人都懂得这个道理,可是"厨房没有厕

所干净"这个现象就真让人奇怪了,然而这是铁的事实,不由你不信。美国亚利桑那大学的科学家对15个家庭做了历时30周的调查,对象是厨房和厕所的14个部位。研究人员对每个部位的样本做了检测后发现,厨房的剁肉板上的细菌是坐厕板的3倍,厨房洗碗布上的细菌是坐厕板的100倍。

②炒菜的油烟中含有大量致癌物,剁肉板上寄生着大量的细菌,致使我们吃的饭菜中含有大量细菌和致癌物。

③农村的厕所,又称茅房,一般独立于住宅之外。若按现代标准建造配有化粪池的厕所一般都可达到卫生标准;但传统的茅房可以滋生许多病菌。

(三) 家庭保洁措施

①居室应尽可能地简单装修,每日开窗通风,定期打扫。
②尽可能地使用木制家具和棉麻类的天然衣物。
③尽量不养宠物;家养禽畜的圈舍要独立于房屋的主体之外。
④厨房的用具每次用完后要清洗干净。
⑤若是传统的茅房则要定期用石灰消毒。
⑥衣被要定期置于太阳下暴晒。

二、保持身心健康

随着时代的发展和科学技术的进步,温饱问题逐渐得到解决,慢慢步入了小康社会,人们也就越来越重视自己的健康。因为没有健康,就无法拥有财富、爱情和幸福,也等于失去一切。究竟什么是健康呢?一般人不一定完全了解,因为健康并不单单是以前大家理解的所谓不生病就是健康。

1946年,世界卫生组织就明确指出,健康不仅是没有疾病或虚弱,它是一种在躯体上、心理上和社会等各个方面都能保持完全和谐的状态。可见,全面健康至少应包括身体健康和心理健康两个方面，二者密切相关，无法分割；而具有社会适应能力也是国际上公认的心理健康的首要标准，即要求个体的各种活动和行为能适应复杂的环境变化，与他人相处和谐。三者缺一不可，这就是健康概念的精髓。

（一）职业农民心理健康的标准

1. 了解自我，悦纳自我

一个心理健康的人能体验到自己的存在价值，既能了解自己，又能接受自己，对自己的能力、性格和优缺点都能做出恰当、客观的评价；对自己不会提出苛刻、非分的期望与要求；对自己的生活目标和理想也能定得切合实际，因而对自己总是满意的；同时，努力发展自身的潜能，即使对自己无法补救的缺陷，也能安然处之。一个心理不健康的人则缺乏自知之明，并且总是对自己不满意；由于所定目标和理想不切实际，主观和客观的距离相差太远而总是自责、自怨、自卑；由于总是要求自己十全十美，而自己却又总是无法做到完美无缺，于是就总是同自己过不去，结果是使自己的心理状态永远无法平衡，也无法摆脱自己感到将要面临的心理危机。

2. 接受他人，善与人处

心理健康的人乐于与人交往，不仅能接受自我，也能接受他人、悦纳他人，能认可别人存在的重要性和作用，同时也能为他人所理解，为他人和集体所接受，能与他人相互沟通和交往，人际关系协调和谐。在生活的集体中能与大家融为一体，既能在与挚友同聚之时共享欢乐，也能在独处沉思之时而无孤独之感。因而，在社会生活中有较强的适应能力和较充足的安全感。一个心理不健康的人，总是自外于集体，与周围的人们格格不入。

3. 正视现实，接受现实

心理健康的人能够面对现实，接受现实，并能主动地去适应现实，进一步地改造现实，而不是逃避现实。能对周围事物和环境做出客观的认识和评价，并能与现实环境保持良好的接触，既有高于现实的理想，又不会沉湎于不切实际的幻想与奢望中，同时对自己的力量有充分的信心，对生活、学习和工作中的各种困难和挑战都能妥善处理。心理不健康的人往往以幻想代替现实，而不敢面对现实，没有足够的勇气去接受现实的挑战，总是抱怨自己"生不逢时"或责备社会环境对自己不公而怨天尤人，因而无法适应现实环境。

4. 热爱生活，乐于工作

心理健康的人能珍惜和热爱生活，积极投身于生活，并在生活中尽情享受人生的乐趣，而不会认为是重负。他们还在工作中尽可能地发挥自己的个性和聪明才智，并从工作的成果中获得满足和激励，把工作看做乐趣而不是负担；同时也能把工作中积累的各种有用的信息、知识和技能存储起来，便于随时提取使用，以解决可能遇到的新问题，克服各种各样的困难，使自己的行为更有效率，工作更有成效。

5. 能协调与控制情绪，心境良好

心理健康的人，愉快、乐观、开朗、满意等积极情绪总是占优势的，虽然也会有悲、忧、愁、怒等消极情绪体验，但一般不会长久；同时能适度地表达和控制自己的情绪，喜不狂、忧不绝、胜不骄、败不馁，谦而不卑，自尊自重。他们在社会交往中既不妄自尊大，也不退缩畏惧；对于无法得到的东西不过于贪求，争取在社会允许范围内满足自己的各种需要；对于自己能得到的一切感到满意，心情总是开朗、乐观的。

6. 人格完整和谐

心理健康的人，其人格结构包括气质、能力、性格和理想、信念、动机、兴趣、人生观等各方面能平衡发展。人格作为人的整体的精神面貌，能够完整、协调、和谐地表现出来；思考问题的方式是适中和合理的，待人接物能采取恰当灵活的态度，对外界刺激不会有偏颇的情绪和行为反应；能够与社会的步调合拍，也能和集体融为一体。

7. 智力正常，智商在80以上

智力正常是人正常生活最基本的心理条件，是心理健康的重要标准。智力是人的观察力、记忆力、想象力、思考力和操作能力的综合。一般常用智力测验来诊断智力发展的水平。智商低于70者为智力低下。

8. 心理行为符合年龄特征

在人的生命发展的不同年龄阶段，都有相对应的不同的心理行为表现，从而形成不同年龄阶段独特的心理行为模式。心理健康的人应具有与同年龄多数人相符合的心理行为特征。如果一个人的心理行为经常严重偏离自己的年龄特征，一般是心理不健康的表现。

(二) 职业农民的养生之道

养生是一项系统性活动，需要从多方面入手，不能只注重一个方面而忽视其他方面，要根据自己的身心条件，去选择适合本人的养生方法。尽管方法很多，但归纳起来，主要有调控养生、文化养生、运动养生、饮食养生、药物养生五方面的内容。

调控养生是通过对心理平衡的调节和生活起居的周密安排，达到健康长寿的目的。主要是调控精神、调控动静、调控饮食，人的精神因素是人生命活动的一根支柱，它直接影响人的生活和健康。性格开朗、心情舒畅、豁达乐观的精神可以起到增强人的整个精神系统的统率作用，使机体各器官的活动协调一致，内分泌正常，新陈代谢良好，有益祛病延寿。反之，精神紧张、情绪压抑、忧郁苦闷，则会导致人的精神系统功能的紊乱、内分泌失调、免疫力下降，导致人身体虚弱而患疾病。运动使生命之钟走得更准确更长久，运动可以提高免疫力，促进消化吸收与新陈代谢，使人的体格健壮，精力充沛，减少各种疾病。饮食是维持生命所必需的，合理的饮食习惯有利于健康，可延年宜寿。

1. 春季饮食要养"阳"

也就是说，在饮食方面，适宜多吃些能温补阳气的食物。以葱、蒜、韭、蓼、蒿、芥、大枣、山药等辛嫩之菜，杂和而食。进入温暖的春天，我们的身体在此时也在发生着一些变化，春季养生要注重养肝。立春时节，人体的主要生理变化：一是气血活动加强，新陈代谢开始旺盛；二是肝主藏血、肝主疏泄的功能逐渐加强，人的精神活动也开始变得活跃起来。立春养肝除了注意饮食、起居、运动外，情绪的好坏也很重要。因为春季阳气生发速度开始多于阴气的速度，所以，肝阳、肝火也处在了上升的势头，需要适当地释放。肝是喜欢疏泄讨厌抑郁的，生气发怒就容易肝脏气血淤滞不畅而导致各种肝病，"怒伤肝"就是这个道理。进入春天后，保持心情舒畅，就能让肝火顺畅地疏泄出去，如果常常发脾气特别是暴怒，就会导致肝脏功能波动，使火气旺上加旺，火上浇油，伤及肝脏的根本。所以，春季一定要做到心平气和、乐观开朗，如果生气了，要学会息怒，即使生气也不要超过3分钟。

2. 夏季饮食要消"火"

增加一些苦味食物。苦味食物中所含的生物碱具有消暑清热、促进血液循环、舒张血管等药理作用。热天适当吃些苦瓜、苦菜,以及啤酒、茶水、咖啡、可可等苦味食品,不仅能清心除烦、醒脑提神,且可增进食欲、健脾利胃。营养学家建议:高温季节最好每人每天补充维生素 B_1、维生素 B_2 各 2 毫克,维生素 C50 毫克,钙 1 克,这样可减少体内糖类和组织蛋白的消耗,有益于健康。也可多吃一些富含上述营养成分的食物,如西瓜、黄瓜、番茄、豆类及其制品、动物肝肾、皮等,亦可饮用一些果汁。不可过食冷饮和饮料,气候炎热时适当吃一些冷饮或喝饮料,能起到一定的祛暑降温作用。雪糕、冰砖等是用牛奶、蛋粉、糖等制成的,不可食之过多,过食会使胃肠温度下降,引起不规则收缩,诱发腹痛、腹泻等疾患。饮料品种较多,大都营养价值不高,还是少饮为好,多饮会损伤脾胃,影响食欲,甚至可导致胃肠功能紊乱。勿忘补钾,暑天出汗多,随汗液流失的钾离子也较多,由此造成的低血钾现象,会引起倦怠无力、头昏头痛、食欲不振等症状。热天防止缺钾最有效的方法,是多吃含钾食物,新鲜蔬菜和水果中含有较多的钾,可酌情吃一些草莓、杏、荔枝、桃、李等水果;蔬菜中的白菜、大葱、芹菜、毛豆等含钾也丰富。茶叶中亦含有较多的钾,热天多饮茶,既可消暑,又能补钾,可谓一举两得。膳食最好现做现吃,生吃瓜果要洗净消毒。在做凉拌菜时,应加蒜泥和醋,既可调味,又能杀菌,而且增进食欲。饮食不可过度贪凉,以防病原微生物乘虚而入。热天以清补、健脾、祛暑化湿为原则。应选择具有清淡滋阴功效的食品,诸如鸭肉、鲫鱼、虾、瘦肉、食用蕈类(香菇、蘑菇、平菇、银耳等)、薏米等。此外,亦可进食一些绿豆粥、扁豆粥、荷叶粥、薄荷粥等"解暑药粥",有一定的祛暑生津功效。

3. 秋季饮食要重"润"

秋季饮食重在养肺润燥,少吃辛辣油腻,多吃蔬菜水果。

传统中医认为，秋季饮食应贯彻"少辛多酸"的原则，以平肺气、助肝气，以防肺气太过胜肝，使肝气郁结。尽可能少食用葱、姜、蒜、韭、椒等辛味之品，不宜多吃烧烤，以防加重秋燥症状。秋季也最易便秘，应当多吃蔬菜、水果，可以多食用芝麻、糯米、蜂蜜、荸荠、葡萄、萝卜、梨、柿子、莲子、百合、甘蔗、菠萝、香蕉、银耳等。

秋季养生适宜多摄取的食物有如下几类。一是养肺润燥平补的食物：鸭肉、猪肉、猪肺、泥鳅、鹌鹑蛋、牛奶、花生、杏仁、山药、白木耳、百合、冰糖、蜂蜜、无花果、胡萝卜等；二是清肺润燥的食物：鸭蛋、白萝卜、菠菜、冬瓜、丝瓜、白菜、蘑菇、紫菜、梨、柿子、柿饼、罗汉果、橙子、柚子等；三是秋燥引起肺气虚时，可多选用百合、薏米、淮山药、蜂蜜等补益肺气；肺阴虚时应多选用核桃、芡实、瘦肉、蛋类、乳类等食物滋养肺阴；如伤及胃阴肝肾阴精时，可用芝麻、雪梨、藕汁及牛奶、海参、猪皮、鸡肉等分别滋养胃阴及肝肾阴精。

4. 冬季饮食要重"补"

冬令进补，是我国传统的防病强身、扶持虚弱的自我保健方法之一。冬季，气候寒冷，阴盛阳衰。人体受寒冷气温的影响，机体的生理功能和食欲等均会发生变化。由于中老年人生理上的变化，在隆冬季节，对高压低温气候的调节适应能力远比青年人为差，容易影响体内平衡，产生血管舒缩功能障碍，从而引起种种不适或疾病。因此，在注意生活起居等方面养生的同时，合理地调整饮食，保证人体必需营养素的充足，对提高老人的耐寒能力和免疫功能，使之安全、顺利地越冬，是十分必要的。养生专家给出了如下建议。

冬季饮食应保证能量的供给，冬季气候寒冷，阴盛阳衰。人体受寒冷气温的影响，肌体的生理功能和食欲等均会发生变化。因此，合理地调整饮食，保证人体必需营养素的充足，对于提高老人的耐寒能力和免疫功能，是十分必要的。老年人在冬季进补时，首先要保证热能的供给。冬天的寒冷气候影响人体的内分泌系统，使人体热量散失过多。老年人冬天晨起服人参酒或黄芪酒一小杯，可防风御寒活血。体质虚弱的老年人，冬季常食炖母鸡、精肉、蹄筋，常饮牛奶、豆浆等，可增强体质。将牛肉适量切小块，加黄酒、葱、姜，用砂锅炖烂，食肉喝汤，有益气止渴、强筋壮骨、滋养脾胃之功效。阳气不足的老人，可将羊肉与萝卜同煮，然后去掉萝卜（即用以除去羊肉的膻腥味），加肉苁蓉15克、巴戟肉15克、枸杞子15克同煮，食羊肉饮汤，有兴阳温运之功效。

第二节 新型农民的品牌意识

一、无公害农产品生产

（一）无公害农产品

无公害农产品是指产地环境、生产过程、产品质量符合国家有关标准和规定的要求，经认证合格获得认证证书并允许使用无公害农产品标志的未经加工或初加工的食用农产品。其农产品中残留的农药、重金属、有害微生物等物质不超过国家允许标准。具体讲无公害农产品是"三个不超标"：一是农药残留不超标，不能含有禁用的高毒农药，其他农药残留不超过国家规定的允许标准；二是硝酸盐、亚硝酸盐含量不超标；三是病原微生物等有害物质不超过规定允许量，不影响人的健康。

无公害农产品注重产品的安全质量，其标准要求不是很高，涉及的内容也不是很多，适合我国当前的农业生产发展水平和国内消费者需求，对于多数生产者来说，达到这一要求不是很难。当代农产品生产需要由普通农产品发展到无公害农产品，再发展至绿色食品或有机食品，绿色食品跨接在无公害食品和有机食品之间，无公害食品是绿色食品发展的初级阶段，有机食品是质量更高的绿色食品。

（二）无公害农产品标准与生产

无公害农产品标准是无公害农产品认证和质量监管的基础，其主要由环境质量、生产技术、产品质量标准 3 部分组成，其中，产品质量标准、环境标准和生产资料使用标准为强制性国家及行业标准，生产操作规程为推荐性国家行业标准。截至 2007 年，农业部共制定无公害食品标准 386 个，使用 277 个（产品标准 127 个，产地环境标准 20 个，投入品使用标准 7 个，生产管理技术规程标准 117 个，认证管理技术规范类标准 6 个）。

1. 无公害农产品生产基本原则

（1）统一完善的系统管理原则

无公害农产品生产是从生产到市场的全过程控制与管理，涉及无公害农产品的每个环节都应纳入控制与管理之中，要建章立制，有章可循，做到生产有规程，产品有标志，认证有程序，市场有监管，过程有记录，确保无公害农产品的质量控制在严格管理之中，使无公害农产品的质量要求和产品信誉有可靠的保证。

（2）严谨规范的生产技术原则

无公害农产品的环境品质独特性是其生产技术独特性所决定的，只有严谨规范的生产技术，才有符合特定标准的无公害农产品。无公害农产品是丰富多样的，具体到每种产品都应有与之相对应的产地、产品环境标准和生产全过程的操作规程配套。对无公害农产品生产影响甚大的外部环境如产地有无工业

"三废"污染源，生产内部环境如土壤重金属背景值是否过高，农药、化肥、除草剂等农资的环境负效应在产品中的富集与残留，都必须按标准和规程要求予以科学严谨地把握，不能混同于一般的产品生产要求。

(3) 循序渐进的产品生产原则

农产品丰富多样，无公害农产品生产领域非常广泛，但并不是什么农产品都要开发成无公害农产品，也不是什么农产品都能开发成无公害农产品，要按市场规律循序渐进，不能一概而论。市场消费能力、消费观念、消费特点都有阶段性，有不同档次和层次的要求，现阶段消费市场对无公害农产品正处于培育扩大过程，在生产中必须适应它的发展。由于技术进步的渐进性，有些农产品的无公害技术还受现实技术水平限制，难以达到无公害的质量标准，故此也决定了无公害农产品的渐进性。

2. 无公害农产品生产工作要点

(1) 选好基地

生态环境必须要符合无公害农产品生产标准的基地环境要求。

(2) 选用良种

良种综合指标性状好，包括产量、品质、抗逆性（旱、涝、病虫）等，而不是单一。

(3) 辅以良法

良好的栽培措施，既要发扬传统的技术，又要有创新的技术，包括合理密植、适时播种、配方施肥，科学、合理、安全地用农药防治病虫害，使作物既能按其性状生长，又可获得高产量、品质好的产品，而不应该人为地改变其原有的性状或简单的技术叠加。

（4）科学、合理、安全地使用农药

农产品的污染，90%以上来自农药的污染，其次才是肥料、水土及贮藏等环节。

3. 无公害农产品生产技术保障措施

（1）无公害农产品生产基地环境控制技术

无公害农产品开发是将生产建设与环境保护于一体的生态农业发展到一定阶段的产物。无公害农产品以生态农业为技术保障，生态农业以无公害农产品为市场载体，从而形成以产品开发带动生态农业，以生态农业建设促产品开发的良性发展机制。因此，无公害农产品开发基地应建立在生态农业建设区域之中，在生态农业建设中强化无公害技术份额。具体地说，其基地在土壤、大气、水质上必须符合无公害农产品产地环境标准，其中土壤主要是重金属指标，大气主要是硫化物、氮化物和氟化物等指标，水质主要是重金属、硝态氮、全盐量、氯化物等指标。无公害农产品产地环境评价是选择无公害农产品基地的标尺，只有通过其环境评价，才具有生产无公害农产品的条件和资格。

（2）无公害农产品生产过程控制技术

无公害农产品的生产过程控制主要是农用化学物质使用限量的控制及替代过程，重点是农药和肥料施用。病虫害防治要以不用或少用化学农药为原则，强调以预防为主，综合防治。肥料施用强调以有机肥为主，以底肥为主，按土壤养分库动态平衡需求调节肥量和用肥品种。在生产过程中制定相应的无公害生产操作规范，建立相应的文档、备案待查。

①科学用药。一是要对症下药防治污染；二是要抓住时机，及时用药；三是要适宜的农药剂型，正确的施药方法；四

是要合理混用，交替使用，提高药效；五是要保护天敌和注意农药安全间隔期，一般收获前20天内禁止喷施化学农药。

②农业防治。一是要积极引进培育和推广优良品种；二是要调节播种期；三是要抓好种子处理；四是要合理间作、套种和轮作；五是要深耕和冬耕；六是要合理密植，加强通风；七是抓好嫁接育苗，如黄瓜利用黑籽南瓜作砧木嫁接育苗，可防止枯萎病的发生；八是要清洁田园，加强水肥管理。

③生物防治。生物防治是利用有益的生物消灭有害的生物的病虫害防治措施，它包括以虫治虫、以菌治虫，以病毒治虫，以菌治菌，以病毒治病毒等，目前生物农药很多，如BT乳剂、农抗120等。

④物理防治。利用光、温、器具等进行防治病虫害的措施称为物理防治，如在温室大棚中利用40~50℃的高温防治瓜类霜霉病；利用银灰色薄膜避蚜防病毒；夏季闲棚高温进行土壤消毒；利用粘虫板、诱虫灯杀虫等。

⑤无公害农作物施肥措施。一是重施有机肥。有机肥养分全、肥效迟、供肥时间长，可以提供农作物所需的各种养分，增强土壤养分的缓冲能力和保肥能力，防止和延缓土壤有盐渍化的过程；改善土壤微生物结构和理化性能，增加土壤的通透性和透水性；改善土壤微生物生存环境，增加微生物的种类和活性，促进各类微生物均衡生长。二是科学平衡使用化学肥料，要根据农作物的需肥规律、土壤养分状况、肥料的特性，在施用有机肥的前提下，提供氮、磷、钾及钙、镁等微量元素的适宜配比和相应的施肥技术，提倡使用专用肥和生物肥（根瘤菌类肥、固氮菌类肥、解磷菌类肥等），收获前20天内禁止使用化学肥料。

（3）无公害农产品质量控制技术

无公害农产品最终体现在产品的无公害化。其产品可以是初级产品，也可以是加工产品，其收获、加工、包装、贮藏、运输等后续过程均应制定相应的技术规范和执行标准。产品是否无公害要通过检测来确定。无公害农产品首先在营养品质上应是优质，营养品质检测可以依据相应检测机构的结果，而环境品质、卫生品质检测要在指定机构进行。

二、绿色食品与有机食品的生产

（一）绿色食品生产

绿色食品是指在无污染的生态环境中种植及全过程标准化生产或加工的农产品，严格控制其有毒有害物质含量，使之符合国家健康安全食品标准，并经专门机构认定，许可使用绿色食品标志的食品。

农业部规定了绿色食品的名称、标准及标志。绿色食品必须同时具备以下条件。

——产品或产品原料产地必须符合绿色食品生态环境质量标准。

——农作物种植、畜禽饲养、水产养殖及食品加工必须符合绿色食品生产操作规程。

——产品必须符合绿色食品质量和卫生标准。

——产品外包装必须符合国家食品标签通用标准，符合绿色食品特定的包装、装潢和标签规定。

1. 绿色食品分级标准与绿色食品标志

（1）绿色食品分级标准

参照国外与绿色食品相似的有关食品标准，结合我国国情，中国绿色食品发展中心将绿色食品分为两类，即 AA 级绿色食品和 A 级绿色食品。

(2) AA 级绿色食品标准

环境质量标准。绿色食品大气环境质量评价，采用国家《环境空气质量标准》（GB 3095—2012）中所列的一级标准；农田灌溉用水评价，采用国家《农田灌溉水质标准》（GB 5084—2005）；养殖用水评价采用国家《渔业水质标准》（GB 11607—1989）；加工用水评价采用《生活饮用水质标准》（GB 5749—2006），畜禽饮用水评价采用国家《地面水环境质量标准》（GB 3838—2002）中所列三类标准；土壤评价采用该土壤类型背景值的算术平均值加 2 倍标准差。AA 级绿色食品产地的各项环境监测数据均不得超过有关标准。

生产操作规程。AA 级绿色食品在生产过程中禁止使用任何有害化学合成肥料、化学农药及化学合成食品添加剂。其评价标准采用《生产绿色食品的农药使用准则》《生产绿色食品的肥料使用准则》及有关地区的《绿色食品生产操作规程》的相应条款。

产品标准。AA 级绿色食品中各种化学合成农药及合成食品添加剂均不得检出，其他指标应达到农业部 A 级绿色食品产品行业标准（NY/T 268—1995 至 NY/T 292—1995）。

包装标准。AA 级绿色食品包装评价采用有关包装材料的国家标准、国家《食品标签通用标准》（GB 7718—94）及农业部发布的《绿色食品标志设计标准手册》及其他有关规定。绿色食品标志与标准字体为绿色，底色为白色。

(3) A 级绿色食品标准

环境质量标准。A 级绿色食品的环境质量评价标准与 AA 级绿色食品相同，但其评价方法采用综合污染指数法，绿色食品产地的大气、土壤和水等各项环境监测指标的综合污染指数均不得超过 1。

生产操作规程。A级绿色食品在生产过程中允许限量使用限定的化学合成物质，其评价标准采用《生产绿色食品的农药使用准则》《生产绿色食品的肥料使用准则》及有关地区的《绿色食品生产操作规程》的相应条款。

产品标准。采用农业部A级绿色食品产品行业标准（NY/T 268—95 至 NY/T 292—95）。

包装标准。A级绿色食品包装评价采用有关包装材料的国家标准、国家《食品标签通用标准》（GB 7718—94）及农业部发布的《绿色食品标志设计标准手册》及其他有关规定。绿色食品标志与标准字体为白色，底色为绿色。

所有申报经营主体，其产地环境、生产过程、产品质量和包装、运输等上述4个环节全部符合相应的绿色食品标准要求，才能获得绿色食品标志使用权。这种完整的标准体系和认证过程真正体现了"全程质量控制"的理念。

2. 绿色食品标志

绿色食品标志是一个质量证明商标，属知识产权范畴，受《中华人民共和国商标法》保护，并按照《中华人民共和国商标法》《集体商标、证明商标注册和管理条例》和《农业部绿色食品标志管理办法》开展监督管理工作。

按商标法有关规定，具备条件可申请使用绿色食品标志的产品有以下5类：

一是肉、非活的家禽、野味、肉汁、水产品、罐头食品、腌渍、干制水果及制品、腌制、干制蔬菜、蛋品、奶及乳制品、食用油脂、色拉、食用果胶、加工过的坚果、菌类干制品、食物蛋白。

二是咖啡、咖啡代用品、可可、茶及茶叶代用品、糖、糖果、南糖、蜂蜜、糖浆及非医用营养食品、面包、糕点、代乳制品、方便食品、面粉等五谷杂粮、面制品、膨化食品、豆制品、食用淀粉及其制品、饮用水、冰制品、食盐、酱油、醋、芥末、味精、沙司等调味品、酵母、食用香精、香料、家用嫩肉剂等。

三是未加工的林业产品、未加工的谷物及农产品、花卉、园艺产品、草木、活生物、未加工的水果及干新鲜蔬菜、种子、动物饲料等。

四是啤酒、不含酒精饮料、糖浆及其他供饮料用的制剂。

五是含酒精的饮料（除啤酒外）。

3. 绿色食品生产操作规程

绿色食品生产操作规程包括农产品种植、畜禽饲养、水产养殖和食品加工等操作规程。

（1）种植业生产的操作规程

种植业的操作规程是指农作物的播种、施肥、浇水、喷药及收获等各个生产环节中必须遵守的规定。其无公害生产控制有以下主要内容。

①植保方面，农药的使用在种类、使用浓度、时间、残留量方面都必须符合《生产绿色食品的农药使用准则》。

②作物栽培方面，肥料的使用必须符合《生产绿色食品的肥料使用准则》，化学合成的肥料和化学合成生长调节剂的使用，必须限制在不对环境和作物质量产生不良后果、不使作物产品有毒物质残留积累到影响人体健康的限度内。有机肥的施用量必须达到保持或增加土壤有机质含量的程度。

③品种选育方面，选育的品种尽可能地适应当地土壤和气候条件，并对病虫害有较强的抵抗力。

（2）畜牧业生产操作规程

畜牧业生产的操作规程是指畜禽在选种、饲养、防治疾病等环节必须遵守的规定。无公害生产控制的主要内容是：

①必须饲养适应当地生长条件的种畜种禽。

②饲料原料应主要来源于无公害区域内的草场和种植基地，饲料添加剂的使用必须符合《生产绿色食品的饲料添加剂使用准则》。

③畜禽房舍内不得使用毒性杀虫、灭菌、防腐药物。

④不可对畜禽使用各类化学合成激素、化学合成促生长素、有机磷和有机药物，兽药的使用必须符合《生产绿色食品的兽药使用准则》。

（3）水产业生产的操作规程

养殖用水必须达到绿色食品要求的水质标准、环境标准，鱼虾等水生物的饲料，其固体成分应主要来源于无公害的生产区域。

（4）食品加工业生产的操作规程

食品加工的绿色食品生产操作规程要求食品加工过程中食品添加剂的使用必须符合《生产绿色食品的食品添加剂使用准则》，不能使用国家明令禁用的色素、防腐剂、品质改良剂等添加剂。允许使用的要严格控制用量，禁用糖精及人工合成添加剂。食品生产加工过程、包装材料的选用、产品流通媒介都要具备安全无污染条件。

（二）有机食品与有机农业

1. 有机食品

有机食品是指来自于有机农业生产体系，根据国际有机农业生产要求和相应的标准，在原料生产和产品加工过程中不使用农药、化肥、生长激素、化学添加剂、化学色素和防腐剂等化学物质，不使用基因工程技术，并通过独立的有机食品认证机构认证使用有机食品标志的农产品及其加工产品，称为有机食品。

有机食品所说的"有机"不是化学上的概念，而是农业生产体系上的一个概念，就是指来自于有机农业生产体系。根据有机食品的定义，一种食品要成为有机食品，必须满足以下条件。

食品的原料必须是来自于已经建立或正在建立的有机农业生产体系，或者是采用有机方式采集的野生天然产品。

在整个生产过程中必须严格遵循有机食品的加工、包装、储藏、运输的标准和要求。

在生产和流通过程中必须有完整的质量控制体系和跟踪审查体系，并有完整的生产和销售记录及档案。

在整个生产过程中尽最大可能减小对环境的污染和生态的破坏。

必须通过独立的经认可的有机食品认证机构的认证。

2. 有机农业

有机农业在国外也有叫"生态农业""生物农业"。有机农业是指一种按照有机农业生产标准，在生产中完全不使用化学合成的肥料、农药、生长调节剂、畜禽饲料添加剂等物质，也不使用基因工程生物及其产物的生产体系。在这个体系中，作物秸秆、畜禽粪便、豆科作物、绿肥和有机废弃物是土壤肥力的主要来源，作物轮作以及各种物理、生物和生态措施是控制杂草和病虫害的主要手段。有机农业充分提高系统中包括土壤微生物、植物和动物在内的生物循环和物质循环，保持和提高土壤的长效肥力；充分考虑畜禽在自然环境中的需求和条件，协调作物生产和畜牧业的平衡；保持生产体系和周围环境的生物多样性，包括保护动植物和野生动物的栖息地。

有机农业实质上是一种以农村社会经济与环境协调发展为原则，以农业清洁生产为指导，遵循自然规律和生态学原理而采取的可持续发展型农业。在有机农业生产系统中，人类、土地、动植物是一个有机结合的多元整体,人类的健康与系统中各个组成部分息息相关。因此,有机农业生产应当遵循以下基本原则。

遵循自然规律和生态学原理。

循环利用有机生产体系内的物质。

依靠体系自身力量保持土壤肥力。

保护生态环境,多样性种植和养殖。

根据土地的承载能力饲养畜禽。

充分利用生态系统的自然调节机制。

3. 有机农业标准

有机农业标准发展至今,已初步形成了世界范围内不同层次的标准体系,主要表现在国际水平、地区水平、国家水平和认证机构水平等4个方面。这里简单分述如下。

(1) 国际有机农业运动联盟(IFOAM)的基本标准

国际有机农业运动联盟(IFOAM)是当今世界上最广泛、最庞大、最权威的国际有机农业组织。IFOAM 在尊重有机农业发展历史及其目标的基础上,结合有机生产的自愿性特点和有机农业地域性强的特征,充分考虑以生产者和消费者为主的多方面的意见,在求同存异的基础上,建立了一套有机农业生产的基本标准。IFOAM 在标准制定上的目标是:在有机生产的各个部分都坚持有机农业的定义;确保有机产品的完整性和可靠性;确保有机标准不会成为贸易障碍;在一个协调的框架内允许变化;确保公平的规则。

IFOAM 基本标准和准则作为国际标准已在 ISO 注册,是地区标准、国家标准和认证机构自身标准的基础,是标准的标准。IFOAM 基本标准每两年进行一次修改。有机农业的国际基本标准包括以下4个方面。

①前提条件。凡标上"有机"标签的产品,生产者和农场必须是 IFOAM 成员;不属于 IFOAM 的个体生产者不可以声明他们是按 IFOAM 标准进行生产的;IFOAM 标准包括农场审查和颁证方案的建议。

②目标(即基本标准的框架)。生产足够数量具有高营养的食品;维持和增加土壤的长期肥力;在当地农业系统中尽可能利用可再生资源;在封闭系统中尽可能进行有机物质和营养元素方面的循环利用;给所有的牲畜提供生活条件,使它们按自然的生活习性生活;避免由于农业技术带来的所有形式的污染;维持农业系统遗传基质的多样性,包括植物和野生动物环境的保护;允许农业生产者获得足够的利润;考虑农业系统较广泛的社会和生态影响。

③根据上述框架各国组织必须制定发展自己的标准。采用的方法和技术可采用参考自然生态平衡的某些技术,强调指出禁止使用农用化学品,例如合成肥料、杀虫剂等。

④如何使产品成为有机产品。原来不是有机产品,可进行转换,让其变为有机产品,在一定时期内按标准要求进行转换,由每个有机农业颁证机构确定转换过程的时间,并定期(每年)进行评价。

转换计划包括:增强土地肥力的轮作制度;适当的饲料计划(养殖业);合适的肥料管理方法(种植业);建立良好的环境,以减少病虫害转换周期时间,如果产品在两年之内满足所有标准则第三年可以作为有机产品出售。

有机农业对种植业强调如下几方面:环境条件(由颁证组织审查无污染);作物品种选择,应选适应当地土壤,气候对病虫有抵抗能力的品种;实施轮作(包括豆科作物);肥料措施:有机肥返回土壤,保持土壤肥力。禁止焚烧稻草,氮肥必须是有机,颁证组织应对产品的硝酸盐含量加以限制,引进的肥料要审查,人粪要防治病虫害等;害虫管理:要保护天敌,提倡生物综合防治,禁止使用合成杀虫剂;杂草的处理:用预离栽培技术来防治,限制生长(例如,合理的轮作、种植绿肥、平衡施肥管理等),使用物理除草方法,禁止使用除草剂、生长刺激剂。

在畜牧生产中禁止使用人工荷尔蒙和其他增产剂,从非有机农业组织购入的饲料不得超过10%~20%(根据牲畜的种类而异)。此外,不得采取虐待牲畜的生产方式,对养殖业、畜牧业强调禁止使用饲料添加剂、生长素、开胃药、防腐剂等。

(2)欧盟标准

欧盟标准适用于其成员国的所有有机农产品的生产、加工和贸易。1991年欧盟有关有机农业的规则被发表于欧盟的官方刊物。1999年12月,欧盟委员会通过了有机产品的标识,这个标识可以由《农产品的有机生产及其在农产品和食品上的标识》EU 2092/91 规则下的生产者使用。欧盟关于有机生产的《农产品的有机生产及其在农产品和食品上的标识》EU 2092/91 规则中有很多对消费者和生产者的保护。

(3)国家标准

从国家水平上看,除了15个欧盟成员国外,日本、阿根廷、巴西、澳大利亚、美国、智利、匈牙利、以色列、瑞士等都有国家标准。

美国:1990年通过联邦法有机农产品生产法案,并成立了国家有机食品标准委员会(NOSB),由美国农业部归口领导,负责国家标准的制定工作。美国国家的有机农业标准于2001年4月21日开始试行,2002年10月21日正式执行。

日本:1992年日本农林水产省制定了《有机农产品蔬菜、水果生产准则》和《有机农产品生产管理要点》,并于1992

年将以有机农业为主的农业生产方式列入保护环境型农业政策。2000年4月推出了有机农业标准,标准于2001年4月正式执行。

中国:1994年,国家环境保护总局有机食品发展中心(OFDC)在国家环境保护总局南京环境科学研究所成立,其职能是从事有机天然食品研究、开发、颁证、检测、培训和推广等,OFDC的成立标志着我国真正全面开展有机食品的开发和认证管理。OFDC根据IFOAM有机生产加工的基本标准,参照并借鉴欧盟委员会有机农业生产规定(EEC No.2092/91),以及其他国家如德国、瑞典、英国、美国、澳大利亚、新西兰等有机农业协会或组织的标准和规定,结合我国农业生产和食品行业的有关标准,于1999年制定了OFDC《有机产品认证标准》(试行),2001年5月经修改又上升为OFDC有机认证标准。OFDC已与许多国家有影响的有机食品认证机构或咨询机构建立了良好的联系和合作,如与德国的CFRS和ECOCERT、英国的SOIL ASSO-CIATTON、美国的OCIA、日本的JONA和NOAPA、马来西亚的HUMUS、泰国的ACT等。有些国家的有机食品认证机构也已在中国建立办事处或分会。目前经过我国国家认证认可监督管理委员会(CNCA)批准的有机食品认证机构有31家,另外有一些国外有机认证机构也在我国开展业务。其中,中绿华夏有机食品认证中心(简称COFCC)隶属于农业部,是农业部推动有机农业运动发展和从事有机食品认证、管理的专门机构,也是中国国家认证认可监督管理委员会(CNCA)批准设立的国内第一家有机食品认证机构,并获得中国认证机构国家认可委员会(CNAB)的认可。

(4)认证机构建立的标准

基本上每一个认证机构都建立了自己的认证标准。这里需要说明的是一个国家可以有一个认证机构，也可以有多个认证机构，这些认证机构多数是民间的，也有是官方的（如中国的认证机构 OFDC）。不同认证机构执行的标准都是在 IFOAM 基本标准的基础上发展起来的，但侧重点有所不同，比如欧洲一些认证机构的有机标准，其主要内容多是围绕畜禽饲养，包括了牲畜、家禽饲养，牧草、饲料生产，肉、奶制品加工等。而中国以及一些其他亚洲国家的认证机构，其标准则多集中在大田作物（蔬菜水果）生产、野生产品开发、茶叶以及水产等方面，这也从一个侧面反映了不同国家或地区不同的资源特色。此外，根据不同地区的特征和需要，不同认证机构对标准的发展也有所不同，这其中多数认证机构仍以 IFOAM 基本标准的内容为主，标准比较原则化，也有一部分认证机构已根据本地区或本国实际，进一步发展了 IFOAM 标准，使之更具体化，便于操作，比如德国的 BLOLAND 已经建立了针对不同产品的标准系列。

三、中国名牌农产品的申请、评选认定程序

（一）中国名牌农产品的申请

根据农业部 2007 年 9 月发布的《中国名牌农产品管理办法》，中国名牌农产品评选认定工作坚持"自愿、无偿、客观、公开、公正、公平"的原则。只有依法获得"中国名牌农产品"称号的农产品，才可以使用"中国名牌农产品"称号与标志。

1. 受理机关

申请人应当向所在省（自治区、直辖市及计划单列市）农业行政主管部门提出申请，并提交申报材料。

2. 申请人应具备的条件

申请"中国名牌农产品"称号的申请人,应具备下列条件:

(1) 具有独立的经营主体法人或社团法人资格,法人注册地址在中国境内;

(2) 有健全和有效运行的产品质量安全控制体系、环境保护体系,建立了产品质量追溯制度;

(3) 按照标准化方式组织生产;

(4) 有稳定的销售渠道和完善的售后服务;

(5) 近三年内无质量安全事故。

3. 产品应具备的条件

申请"中国名牌农产品"称号的产品,应具备下列条件:

(1) 符合国家有关法律法规和产业政策的规定;

(2) 在中国境内生产,有固定的生产基地,批量生产至少三年;

(3) 在中国境内注册并归申请人所有的产品注册商标;

(4) 符合国家标准、行业标准或国际标准;

(5) 市场销售量、知名度居国内同类产品前列,在当地农业和农村经济中占有重要地位,消费者满意程度高;质量检验合格;

(6) 食用农产品应获得"无公害农产品""绿色食品"或者"有机食品"称号之一;

(7) 是省级名牌农产品。

(二) 中国名牌农产品评选认定程序

根据农业部 2007 年 9 月发布的《中国名牌农产品管理办法》,中国名牌农产品实行年度评审制度。农业部成立中国名牌农产品推进委员会(以下简称名推委),负责组织领导中国名牌农产品评选认定工作,并对评选认定工作进行监督管理。

1. 申请

申请人向所在省(区、市)农业行政主管部门提出申请,并提交申报材料。

2. 审查

省(区、市)农业行政主管部门负责申报材料真实性、完整性的审查。符合条件的,签署推荐意见,报送名牌农产品推进委员会办公室(以下简称名推委办公室)。

3. 评选

名推委办公室组织评审委员会对申报材料进行评审,形成推荐名单和评审意见,上报名推委。

名推委召开全体会议,审查推荐名单和评审意见,形成当年度的中国名牌农产品拟认定名单,并通过新闻媒体向社会公示,广泛征求意见。

4. 审核认定

名推委全体委员会议审查公示结果,审核认定当年度的中国名牌农产品名单。

5. 公告

对已认定的中国名牌农产品,由农业部授予"中国名牌农产品"称号,颁发《中国名牌农产品证书》,并向社会公告。

中国名牌农产品证书的有效期为三年,有效期满要继续使用中国名牌农产品称号的,应当重新提出申请。

依法保护农产品注册商标、地理标志和知名品牌已被写进了2007年1月的"中央一号文件"。国务院副总理吴仪在出席世界地理标志大会时指出,运用地理标志保护和发展农产品,促进农产品的增值和规模经营,有效地促进了农业增效、农民增收和农村发展,为中国解决"三农"问题找到了一个很好的切入点。

第三节 新型农民的法律素养

一、职业农民的法规知识

农业法规是指由国家权力机关、国家行政机关以及地方机关制定和颁布的,适用于农业生产经营活动领域的法律、行政法规、地方法规以及政府规章等规范性文件的总称。

目前,我国的农业法规体系已经基本形成,可以分为以下几个方面。

(一)农业基本法规

主要指《中华人民共和国农业法》(以下简称《农业法》)。

1993年7月2日,第八届全国人大常委会第二次会议通过了《农业法》,以法律的形式,把党的十一届三中全会以来关于农业发展的一系列行之有效的大政方针进一步规范化、法律化。这是中国农业发展史上第一部农业大法。2012年12月28日十一届全国人大常委会第三十次会议对《农业法》重新进行第二次修订,并于2013年1月1日起施行。农业法修改制定,体现了"确保基础地位,增加农民收入"的总体精神,对保障农业在国民经济中的基础地位,发展农村社会主义市场经济,维护农业生产经营组织和农业劳动者的合法权益,促进农业的持续、稳定、协调发展,实现农业现代化,起到了重要的作用。

(二)农业资源和环境保护法

包括《中华人民共和国土地管理法》《中华人民共和国森

林法》《中华人民共和国草原法》《中华人民共和国渔业法》《中华人民共和国水法》《中华人民共和国水土保持法》《中华人民共和国水污染防治法》《中华人民共和国野生动物保护法》《中华人民共和国防沙治沙法》等法律,以及《基本农田保护条例》《草原防火条例》《中华人民共和国水产资源繁殖保护条例》《中华人民共和国野生植物保护条例》《森林采伐更新管理办法》《野生药材资源保护管理条例》《森林防火条例》《森林病虫害防治条例》《中华人民共和国陆生野生动物保护实施条例》等行政法规。

(三) 促使农业科研成果和实用技术转化的法律

包括《中华人民共和国农业技术推广法》《中华人民共和国植物新品种保护条例》《中华人民共和国促进科技成果转化法》等法律及行政法规。

(四) 保障农业生产安全方面的法律

包括《中华人民共和国防洪法》《中华人民共和国气象法》《中华人民共和国动物防疫法》《中华人民共和国进出境动植物检疫法》等法律,以及《农业转基因生物安全管理条例》《水库大坝安全管理条例》《中华人民共和国防汛条例》《蓄滞洪区运用补偿暂行办法》等行政法规。

(五) 保护和合理利用种质资源方面的法律

包括《中华人民共和国种子法》《种畜禽管理条例》《农药管理条例》《兽药管理条例》《饲料和饲料添加剂管理条例》等。

(六) 规范农业生产经营方面的法律

包括《中华人民共和国农村土地承包法》《中华人民共和国乡镇企业法》《中华人民共和国乡村集体所有制企业条例》《中华人民共和国农民专业合作社法》等。

（七）规范农产品流通和市场交易方面的法律

包括《粮食收购条例》《棉花质量监督管理条例》《粮食购销违法行为处罚办法》等行政法规。

（八）保护农民合法权益的法律

为保护农民合法权益制定了《中华人民共和国村民委员会组织法》《中华人民共和国耕地占用税暂行条例》。

（九）宪法

《中华人民共和国宪法》是国家的根本法，它规定了国家的根本制度和根本任务，具有最高的法律效力。

全国各族人民、一切国家机关和武装力量、各政党和各社会团体、各企业事业组织，都必须以宪法为根本的活动准则，并负有维护宪法尊严、保证宪法实施的职责。一切法律、行政法规、地方性法规都不得同宪法相抵触。制定法律、法规、地方性法规都必须以宪法为依据和基础。

我国现行宪法是 1982 年的，也是新中国成立后的第四部宪法。1988 年、1993 年、1999 年和 2004 年，全国人民代表大会又对这部宪法进行了 4 次补充修正。

（十）社会保险法

狭义的社会保险法指《中华人民共和国社会保险法》，广义的社会保险法包括全国人大及其常委会、国务院、社会保险事务主管部门颁布的调整社会保险关系的所有法律、法规、规章及其他规范性文件。

社会保险包括：养老保险、医疗保险、工伤保险、失业保险和生育保险。

养老保险可以让劳动者在到国家规定的退休年龄或因年老丧失劳动能力情况下，从国家和社会得到经济收入、物质帮助和服务。我国养老保险制度由城镇职工基本养老制度、企业补充养老保险制度、农村居民养老保险制度和公职人员退休制度组成。

医疗保险是国家可以补偿劳动者因疾病风险造成的经济损失。我国目前的基本医疗保险制度由城镇职工基本医疗保险制度、城镇居民基本医疗保险制度和农村居民新型农村合作医疗制度组成。

工伤保险可以对在生产、工作中遭受意外伤害或患职业病导致暂时或永久性丧失劳动能力的劳动者，以及对职工死亡后无生活来源的近亲属给予物质帮助。工伤保险制度是社会保险制度的重要组成部分，具体可以参照《工伤保险条例》等。

失业指有劳动能力并有劳动意愿的劳动者得不到劳动机会或就业后又失去工作。失业保险制度是国家对非本人意愿中断就业而失去生活来源的劳动者提供物质帮助和就业服务。我国现行失业保险制度的基本框架由1999年颁布的《中华人民共和国失业保险条例》、2010年颁布的《中华人民共和国社会保险法》（以下简称《社会保险法》）等确立。

生育保险是指国家或用人单位对职业妇女因生育而中断劳动期间给予必要生活保障和物质帮助。通过向生育职工提供医疗服务、产假和生育津贴等方面待遇，使她们因生育而暂时中断劳动时的基本经济收入和医疗需求得到保障。我国现行城镇职工生育保险制度框架主要由《女职工劳动保护特别规定》《企业职工生育保险试行办法》和《社会保险法》确立。农村生育保障制度建立的标志是2002年中共中央、国务院颁布的《中共中央国务院关于进一步加强农村卫生工作的决定》。

（十一）婚姻法

婚姻法是调整婚姻家庭关系的基本准则。它调整的范围既包括婚姻关系，又包括家庭关系；既有婚姻家庭关系的发生、变更和终止，也有婚姻家庭关系主体间的权利义务。

有关婚姻家庭的法律规范包括《中华人民共和国婚姻法》《中华人民共和国收养法》《中华人民共和国继承法》《婚姻登记条例》等。此外，我国的《中华人民共和国宪法》《中华人民共和国妇女权益保障法》《中华人民共和国未成年人保护法》《中华人民共和国老年人权益保障法》《中华人民共和国民法通则》等法律、法规也规定有婚姻家庭关系方面的内容。

我国目前施行的《中华人民共和国婚姻法》，是2001年4月28日修正的。这部婚姻法分6章，共51条，对我国公民的婚姻原则、结婚年龄、夫妻之间的权利与义务、父母与子女之间的关系，以及离婚原则、离婚后子女的抚养，救助措施等问题，都做了明确规定。

我国婚姻法的基本原则主要有：①婚姻自由。无论是结婚还是离婚，均不受任何人的强迫和干涉。②一夫一妻。一个人只能有一个配偶，任何人，不论其地位高低、财产多少，都不得同时拥有两个或两个以上的配偶。任何已婚者，在其配偶死亡或者与配偶离婚以前，都不得再行结婚。③男女平等。指男女在婚姻家庭中享有平等的权利，负担平等的义务。④保护妇女、儿童和老人的合法权益。体现了法律保护弱者、昭示公平的特点。⑤计划生育。实行计划生育是我国的一项国策。国家干部、企事业单位的职工、城镇及农村居民，除特殊情况经批准外，一对夫妻只能生育一个孩子。

婚姻法是人们在婚姻、家庭关系各个方面必须遵循的准则。

(十二) 治安管理处罚法和刑法

《中华人民共和国刑法》是规定哪些行为是犯法、犯罪行为的具体刑事责任以及犯罪应受到的刑法处罚的法律。

《中华人民共和国治安管理处罚法》是我国规定哪些行为是违反治安管理以及对这些行为如何处罚的法律。

学习这些法律，不仅是对自我进行约束，也是进行自我保护的一个方面。

(十三) 工会法

工会是职工自愿结合的工人阶级的群众组织。工会的基本职责是维护职工合法权益。

工会法是调整工会与政府、工会与用人单位、工会与会员和职工以及工会与其他组织关系的法律规范的总称。我国第一部《中华人民共和国工会法》是1950年由中央人民政府颁布的，目前施行的是2001年修正的《中华人民共和国工会法》。

凡在中国境内的企业、事业单位、机关和其他社会组织中，以工资收入为主要生活来源或者与用人单位建立劳动关系的体力劳动者和脑力劳动者，不分民族、种族、性别、职业、宗教信仰、教育程度，承认工会章程，都可以加入工会为会员。任何组织和个人不得阻挠和限制。

这里所说的"参加工会"，是指劳动者依法申请加入已经成立于用人单位里的基层工会或者这些单位之外的基层工会联合会；而"组织工会"，是指劳动者可以依法在尚未建立工会组织的用人单位里组建基层工会或者可以在这些单位之外联合组建基层工会。根据《中华人民共和国劳动合同法》第六十四条的规定，被派遣劳动者有权在劳务派遣单位或者用工单位依法参加或者组织工会，维护自身的合法权益。

二、农民专业合作社的政策法规

农民专业合作社作为新型农业经营主体，正在我国广大农村蓬勃发展，成为当前农村改革和经济发展的一个亮点。农民专业合作社作为农民自愿组成的组织，如何办合作社才能更好地为成员提供综合性服务？

《中华人民共和国农民专业合作社法》2007年7月1日实

施以来，农民合作社迅速发展。到 2014 年 9 月，全国在工商部门登记的农民专业合作社已达 91.1 万家，入社农户 6 838 万户，占全国农户总数的 26.3%。

(一) 农民合作社的性质及作用

1. 民办民管民受益

农民专业合作社是在农村家庭承包经营基础上，同类农产品的生产经营者或者同类农业生产经营服务的提供者、利用者，自愿联合、民主管理的互助性经济组织。以其成员为主要服务对象，提供农业生产资料的购买，农产品的销售、加工、运输、贮藏以及与农业生产经营有关的技术、信息等服务。合作社成员以农民为主体，以为成员服务为宗旨，成员地位平等，实行民主管理，谋求全体成员的共同利益，盈余主要按照成员与农民专业合作社的交易量（额）比例返还。所以，农民合作社是"民办民管民受益"。

2. 做一家一户做不了的事

我国农户承包经营的土地规模小，平均每户只有七八亩地。许多事情一家一户做不了，或者做起来不划算。

农民专业合作社的发展，提高了农民的组织化程度，为农业机械化提供了条件。为解决这个难题找到了一条途径。据农业部统计，截至 2011 年年底，农民专业合作社转入的土地面积达 3 055 万亩，占全国耕地流转总面积的 13.4%。

许多地方成立了农机专业合作社，为农户提供耕种、病虫害防治、收获等生产服务。

3. 保护农民合法的承包权

据国家统计局信阳调查队范宝良对 100 个农户进行的土地承包经营权流转意向问卷调查，80% 的农户虽然愿意流转土地承包经营权，但即使在有利益补偿或完善的社会保障的情况下,愿意放弃土地的农户只有40%,而在没有利益补偿的情况下,即使已经在城市工作和生活的农民工也不愿放弃土地权益。

(二) 农民合作社的权利

根据《中华人民共和国农民专业合作社法》第十六条的规定,农民专业合作社的成员享有以下权利:

(1) 享有表决权、选举权和被选举权

参加成员大会,并享有表决权、选举权和被选举权,按照章程规定对本社实行民主管理。

①参加成员大会。这是成员的一项基本权利。成员大会是农民专业合作社的权力机构,由全体成员组成。农民专业合作社的每个成员都有权参加成员大会,决定合作社的重大问题,任何人不得限制或剥夺。

②行使表决权,实行民主管理。农民专业合作社是全体成员的合作社,成员大会是成员行使权力的机构。作为成员,有权通过出席成员大会并行使表决权,参加对农民专业合作社重大事项的决议。

③享有选举权和被选举权。理事长、理事、执行监事或者监事会成员,由成员大会从本社成员中选举产生,依照《农民专业合作社法》和章程的规定行使职权,对成员大会负责。所有成员都有权选举理事长、理事、执行监事或者监事会成员,也都有资格被选举为理事长、理事、执行监事或者监事会成员,但是法律另有规定的除外。在设有成员代表大会的合作社中,成员还有权选举成员代表,并享有成为成员代表的被选举权。

(2) 利用本社提供的服务和生产经营设施

农民专业合作社以服务成员为宗旨,谋求全体成员的共同利益。作为农民专业合作社的成员,有权利用本社提供的服务和本社置备的生产经营设施。

(3) 按照章程规定或者成员大会决议分享盈余

农民专业合作社获得的盈余依赖于成员产品的集合和成员对合作社的利用,本质上属于全体成员。可以说,成员的参与热情和参与效果直接决定了合作社的效益情况。因此,法律保护成员参与盈余分配的权利,成员有权按照章程规定或成员大会决议分享盈余。

(4) 查阅

查阅本社的章程、成员名册、成员大会或者成员代表大会记录、理事会会议决议、监事会会议决议、财务会计报告和会计账簿成员是农民专业合作社的所有者,对农民专业合作社事务享有知情权,有权查阅相关资料,特别是了解农民专业合作社经营状况和财务状况,以便监督农民专业合作社的运营。

(5) 章程规定的其他权利

章程在同《中华人民共和国农民专业合作社法》不抵触的情况下,还可以结合本社的实际情况规定成员享有的其他权利。

(三) 农民合作社的义务

农民专业合作社在从事生产经营活动时,为了实现全体成员的共同利益,需要对外承担一定义务,这些义务需要全体成员共同承担,以保证农民专业合作社及时履行义务和顺利实现成员的利益。

根据《中华人民共和国农民专业合作社法》第十八条的规定,农民专业合作社的成员应当履行以下义务。

(1) 执行成员大会、成员代表大会和理事会的决议

成员大会和成员代表大会的决议,体现了全体成员的共同

意志,成员应当严格遵守并执行。

(2) 按照章程规定向本社出资

明确成员的出资通常具有两个方面的意义。

一是以成员出资作为组织从事经营活动的主要资金来源。二是明确组织对外承担债务责任的信用担保基础。但就农民专业合作社而言,因其类型多样,经营内容和经营规模差异很大,所以,对从事经营活动的资金需求很难用统一的法定标准来约束。而且,农民专业合作社的交易对象相对稳定,交易人对交易安全的信任主要取决于农民专业合作社能够提供的农产品,而不仅仅取决于成员出资所形成的合作社资本。由于我国各地经济发展的不平衡,以及农民专业合作社的业务特点和现阶段出资成员与非出资成员并存的实际情况,一律要求农民加入专业合作社时必须出资或者必须出法定数额的资金,不符合目前发展的现实。因此,成员加入合作社时是否出资以及出资方式、出资额、出资期限,都需要由农民专业合作社通过章程自己决定。

(3) 按照章程规定与本社进行交易

农民加入合作社是要解决在独立的生产经营中个人无力解决、解决不好,或个人解决不合算的问题,是要利用和使用合作社所提供的服务。成员按照章程规定与本社进行交易既是成立合作社的目的,也是成员的一项义务。成员与合作社的交易,可能是交售农产品,也可能是购买生产资料,还可能是有偿利用合作社提供的技术、信息、运输等服务。成员与合作社的交易情况,按照《中华人民共和国农民专业合作社法》第三十六条的规定,应当记载在该成员的账户中。

(4) 按照章程规定承担亏损

由于市场风险和自然风险的存在,农民专业合作社的生产经营可能会出现波动，有的年度有盈余，有的年度可能会出现亏损。合作社有盈余时分享盈余是成员的法定权利，合作社亏损时承担亏损也是成员的法定义务。

（5）章程规定的其他义务

成员除应当履行上述法定义务外，还应当履行章程结合本社实际情况规定的其他义务。

（四）国家支持扶持合作社的主要政策和项目

根据《农民专业合作社法》第四十九条至第五十二条规定，农民专业合作社享有以下优惠政策：

（1）国家支持发展农业和农村经济的建设项目，可以委托和安排有条件的有关农民专业合作社实施。

（2）中央和地方财政应当分别安排资金，支持农民专业合作社开展信息培训、农产品质量标准与认证、农业生产基础设施建设、市场营销和技术推广等服务。对民族地区、边远地区和贫困地区的农民专业合作社和生产国家与社会急需的重要农产品的农民专业合作社给予优先扶持。

（3）国家政策性金融机构应当采取多种形式，为农民专业合作社提供多渠道的资金支持。具体支持政策由国务院规定。国家鼓励商业性金融机构采取多种形式，为农民专业合作社提供金融服务。

（4）农民专业合作社享受国家规定的对农业生产、加工、流通、服务和其他涉农经济活动相应的税收优惠。财政部、国家税务总局《关于农民专业合作社有关税收政策的通知》还对农民专业合作社享有的印花税、增值税优惠做出了具体规定：①农民专业合作社与本社成员签订的农业产品和农业生产资料购销合同免征印花税。②对农民专业合作社销售本社成员生产的农业产品，视同农业生产者销售自产农业产品免征增值税。③增值税一般纳税人从农民专业合作社购进的免税农业产品，可按13%的扣除率计算抵扣增值税进项税额。④对农民专业合作社向本社成员销售的农膜、种子、种苗、化肥、农药、农机，免征增值税。

第四节 新型农民的创业素养

一、抢抓农业创业的机遇

所谓"三农"问题，是指农业、农村、农民这三大问题。中国是一个农业大国，农村人口接近9亿人，占全国人口70%；农业人口达7亿人，占产业总人口的50.1%。"三农"问题的解决必须考虑农业自身的体系化发展，还必须考虑三大产业之间的协调发展。"三农"问题的解决关系重大，不仅是农民兄弟的期盼，也是目前党和政府关注的大事。

近几年来中央连续14个一号文件都锁定在"三农"问题上。按照"坚持以人为本，加强农业基础，增加农民收入，保护农民利益，促进农村和谐"的目标和取向，利用好农业政策平台是农业创业者必走的"捷径"。其特点是可操作性强，导向明确，重点突出，受益面大。在这种情况下，农业创业者则面临着前所未有的政策机遇，这些优惠的农业政策为农业创业者进行创业，提供了良好的创业机会。

二、确定农业创业项目

通过认识农业创业的优势后，创业者在创业时要做的第一件事情就是要选择做什么行业，或者是打算办什么样的企业，如在土地里选择种植什么、池塘里选择养殖什么、利用农产品原料加工成什么新产品、为农业生产提供什么服务等，也就是要选择农业创业项目,这是创业者在创业道路上迈出的至关重要的第一步。

(一) 了解我国的行业分类

从总体说,我国的产业构成习惯上分为三大块。即:第一产业、第二产业、第三产业。

第一产业就是产业链上的原料业。我国指的是农业(包括林业、牧业和渔业等),有的国家把矿业也列为第一产业。

第二产业就是产业链上的制造业,指的是以第一产业的产品为原料进行加工制造或精炼的产业部门。各国划分的范围也不尽相同。我国的第二产业指工业和建筑业。

第三产业就是服务业,也指第一、第二产业以外的其他行业,即不直接从事物质产品生产,主要以劳务形式向社会提供服务的各个行业。如交通、电信、商业、饮食、金融、保险、法律咨询乃至文化教育、科学研究等行业。

依据2011年国家计划委员会、国家经济委员会、国家统计局、国家标准局联合发布的《国民经济行业分类和代码》(GB/4754—2011),上述产业又可以进一步细分为20个门类:

A 农、林、牧、渔业;

B 采矿业;

C 制造业;

D 电力、热力、燃气及水生产和供应业;

E 建筑业;

F 批发和零售业;

G 交通运输、仓储和邮政业;

H 住宿和餐饮业;

I 信息传输、软件和信息技术服务业;

J 金融业;

K 房地产业;

L 租赁和商务服务业；

M 科学研究和技术服务业；

N 水利、环境和公共设施管理业；

O 居民服务、修理和其他服务业；

P 教育；

Q 卫生和社会工作；

R 文化、体育和娱乐业；

S 公共管理、社会保障和社会组织；

T 国际组织。

每位有心创业的农民朋友都不妨根据自己的职业兴趣，先从这三大产业群及行业门类中寻找出大致方向，再一步步地逐渐细化，使自己的创业目标既明确具体，又合乎自己的兴趣与现实条件，成功的几率自然也就相对地更大了。

(二) 如何选择创业好项目

(1) 选择国家鼓励发展、有资金扶持的行业

这是选择好项目的先决条件。因为国家鼓励的行业都是前景好、市场需求大、加上资金扶持，较易成功。如现代农业、特色农业正是我国政府鼓励发展的行业。

(2) 选择竞争小、易成功的项目

创业之初，资金、技术、经验、市场等各方面条件都不是很好时，如选择大家都认为挣钱而导致竞争十分激烈的项目，则往往还没等到机会成长就被别人排挤掉了。成功的第一个法则就是避免激烈的竞争。

目前人们的传统赚钱思路还在于开工厂、搞贸易上，因而关注、认识农业的人很少、竞争很小，只要投入少量的资金即可发展，有一定的经商经验及文化水平的人去搞农业项目，在管理、技术及学习能力上都具有优势。比目前从事农业生产的

农民群体更容易成功。

（3）产品符合社会发展的潮流

社会在发展，市场也在变化，选择项目的产品应符合整个社会发展的潮流，这样产品需求会旺盛。目前我国的农产品价格还处于较低的价位，随着经济和生活水平的不断提高，人们对绿色食品、有机食品的需求会越来越大，产品价格也会逐步走高，上升空间大，经营这些项目较易成功。

（4）技术要求相对简单，资金回笼快

对于中小投资者而言，除了资金回笼快、周期短，同时项目成功的因素还取决于其技术的难易程度，这也是保证项目实施顺利、投资安全的因素，因此，选择技术要求相对简单的种植、养殖加工项目风险较小。

（5）良好的商业模式

商业模式是企业的赚钱秘诀。好的商业经营模式可以提供最先进的生产技术和高效的管理技术以及企业运营良好方案，这样可省去自己摸索学习的代价，能最快、最好、稳妥地产生效益。

三、制订创业计划

在寻找到创业项目之后，形成一份创业计划书是必不可少的。因为有创业项目后，还必须考虑合适的创业模式、恰当的人员组合和良好的创业环境。制定创业计划，就是使创业者在选定创业项目、确定创业模式之前，明确创业经营思想，考虑创业的目的和手段。为创业者提供指导准则和决策依据。

（一）创业计划的含义

创业计划是创业者在初创企业成立之前就已经准备好的一份书面计划，用来描述创办一个新的风险企业时所有的内部和外部要素。创业计划通常是各项职能如市场营销计划、生产和销售计划、财务计划、人力资源计划等的集成,同时也提出创业的头3年内所有长期和短期决策制定的方针。

创业计划也是对企业进行宣传和包装的文件,它向风险投资企业、银行、供应商等外部相关组织宣传企业及其经营方式;同时,又为企业未来的经营管理提供必要的分析基础和衡量标准。在过去,创业计划单纯地面向投资者;而现在,创业计划成为企业向外部推销自己的工具和企业对内部加强管理的依据。

(二) 创业计划的作用

"三思而后行"。做任何事情都要事先做好计划,创业尤其如此。在创业初期,创业者不可能对市场有很详细的调查数据,也无法准确地了解竞争对手的情况,创业计划可能不会规划出必然的蓝图,但是,至少有着以下几个方面的作用。

(1) 把计划中要创立的企业推销给自己

通过创业计划的制定,创业者必须建立自信,应该以认真的态度对自己所拥有的资源、已知的市场情况和初步的竞争策略做一个简单的分析,并提出一个初步计划。通过将心中的设想编写成书面的、规范的创业计划,创业者可能会发现,事情原来并非如想象中的简单,原来很多因素都没有想到,很多设想都不现实。这时候,需要创业者保持清醒的头脑,客观地、严肃地、不带个人主观情感地从整体角度审视自己的创业思路,并且适当地进行调节,使得计划更趋完美,以确保计划的可操作性。当然,通过撰写书面的创业计划,如果发现原来的设想根本不可能成为现实,创业者不得不放弃该创业念头时,千万不要勉强。

(2) 把要创办的风险企业推荐给风险投资家

创业计划是创业融资的必备工具。对于初创的风险企业来说，创业计划的作用尤为重要。企业的成长基本上离不开外来资金。如果没有创业计划，创业者就无从知道创办这家企业所需资金的确切数目，也就不知道到底还缺多少资金。风险投资家都要求创业者提供创业计划，他们依据创业计划进行评价和筛选，选择他们认为最有发展潜力的企业进行投资。但是，必须明确的是，即使创业者不需要借钱、也不需要寻找合作伙伴，但必须撰写详细的创业计划。

(3) 有利于获得银行贷款等其他资金

银行一般只要求申请贷款的企业提供过去和现在的财务报表。但是，初创的企业经营风险太大，为这类企业提供贷款，银行一般先要求创业者提供创业计划。对于银行来说，一份制作规范而专业的创业计划就等于一张考究的名片。一份书面的创业计划会提供很多的信息，是一份浓缩了的企业经营设想。一份详尽的、与众不同的、切实可行的创业计划将大大降低银行发放贷款的风险，增加获得贷款的机会。当然，创业计划也有利于初创企业获得其他形式的资金支持。

(4) 有利于企业的经营管理

完美的创业计划可以增强创业者的自信，创业者会明显感到对企业史容易控制、对经营史有把握。因为创业计划提供了企业全部的现状和未来发展的方向，也为企业提供了良好的效益评价体系和管理监控指标。创业计划使得创业者在创业实践中有章可循。

创业计划还可以激励管理层以及公司普通员工。在创业初期，"人才可遇而不可求"。一个很重要的问题，就是如何让每一位成员了解本企业的发展战略和创业计划，并朝同一目标努力。如果企业内部的每一位员工对企业的发展战略有不同的看法，则企业就很难取得什么成就。获得认可的创业计划有助于把所有成员凝聚在一起，真正做到"心往一块想，劲往一处使"。

四、实施创业计划

通过策划和调研，真正确定了创业的项目，制定了创业计划书，开始实施创业计划时，你必须对创业规模、组织方式、组织机构、经营方式等方面做出决策，这将涉及一系列具体的问题，包括资金筹措、人员组合、场地选择、手续办理等。在这里，笔者将告诉你实施创业计划的一些条件准备和基本程序。

(一) 创业融资

创业者成立企业，除了一些基本工作之外，还需要创业资金。拥有的资金越多，可选择的余地就越大，成功的机会就越多。如果没有资金，一切就无从谈起。对于广大的创业者来说，创业初期最大的困难就是如何获得资金。融资的方式和渠道多种多样，创业者需要进行比较，并确定适合于自己的融资方式和途径。

(二) 人员组合

选择了创业目标，制定了创业计划，明确了创业模式，确定了产品或服务方案，资金也筹措到位后，选择最佳的人员配备和组合就成了创业者的一个重要任务。

创办一个企业，如果有一个充满活力和凝聚力、具有协调性和开拓性的人员组合体，这个企业必将有一个良性发展的开端，能极大地调动起每个员工的工作积极性，营造出一个团结协作、以企为家的和谐氛围。

人员的组合只有在一定的范围内,依据有关方法,遵循必要的人员组合原则和标准,才能使人力资源配置达到最佳状态。

(三) 确定经营方式

初创业者,规模不论大小,因为大有大的优势(大船抗风浪),小有小的好处(小船好掉头),但发展到一定程度之后,"航速"已经平稳,一切走上正轨,就不能不讲究规模与技术水平。否则永远只能在低水平上徘徊,自身难以发展。而在市场经济中,得不到发展常常也就意味着衰败的来临。

农民工创业之初,企业的自身发展常常受到各种条件或因素的局限,规模与速度都很难尽如人意。偏偏小企业抗衡市场风浪的能力又非常孱弱,于是就陷入了一个怪圈:企业小,难抗风浪,困难多,一发展甚至生存更艰难,困难更多。

怎么解决这个难题?各地农民朋友已经想出了许多很好的办法。主要有:

(1) 股份制

即大家各出股金,集中管理运作,共同投入于某一项目。等于是举全体之力,奋力一搏。

(2) 联营制

也称"公司+农户"。即对外是一个统一的公司,统一商标,统一营销,统购原材料,统一质量标准;对内实际上则是各家各户单独种植、养殖或加工制造,分批分类交售。

(3) 协会制

就是组建行业协会,由协会统一质量标准或营销价格,各会员则自行组织生产、销售。

以上方法各有不同的适宜对象。创业中的农民工朋友们可以根据自己的情况来斟酌选择。

(四) 场地选择

1991年4月23日,麦当劳在中国的第一个餐厅开业,由此创造了新的纪录,成为中国发展最为迅速、市场占有率最高的快餐食品。麦当劳的创始人曾经提到,商业成功中的3个重要因素就是选址、选址和选址。对于商业服务企业,只有选好址、立好地,才能立业、立命。有经验的企业家都能意识到选址定位的重要性。一些快餐业和超市连锁店经营失败的直接原因就是选址不当。

无论企业是刚刚开始,还是企业已经发展到成熟期,选址定位对企业的发展都是相当重要的。虽然选址要花费一定的精力、时间或金钱,但是如果能提高成功的概率,你所投入的一切完全是值得的。

第二章 职业农民的职业素养

第一节 新型职业农民的含义

党的十八大报告指出,解决好农业农村农民问题是全党工作重中之重,要坚持工业反哺农业、城市支持农村和多予少取放活方针,加大强农惠农富农政策力度,让广大农民平等参与现代化进程、共同分享现代化成果。2014年中央一号文件提出,要加大对新型职业农民和新型农业经营主体领办人的教育培训力度。近几年来,对职业农民的培育越来越受到社会各界的重视,农业部更提出了三年内培养100万职业农民的目标。

一、职业农民的出现

长期以来,我国实行二元结构户籍制度,出现了"农业户口"与"非农业户口"两种户籍制度,农业户口就成了农民身份的标志,即便你在外从事非农业工作数十年只要身份没有变更,社会仍然会认为你是农民。所以户口成为界定农民与非农民的不可逾越的铁丝网。如今,随着农业产业化和新型城镇化的不断推进,农民这个词的含义也开始发生了变化。农民已经不再是身份的标志,而逐渐成为农业产业从业人员的一种类别,即一种职业。

什么是职业农民?

职业农民是指具有科学文化素质、掌握现代农业生产技能、具备一定经营管理能力，以农业生产、经营或服务作为主要职业，以农业收入作为主要生活来源，居住在农村或集镇的农业从业人员。

农业是一种最古老的职业，它是早期人类社会生存的基本职业之一。人类存活就必须需要食物，光狩猎是无法满足生存需要的，因此人类发展很大程度上是由农业这个古老的职业来决定的。自从人类进入了阶级社会以后，随着职业分工和等级制度实施，特别是进入了工业化发展之后，农民的地位随着农业产业比重的下降不那么重要了，社会地位也不那么受人重视了，人们的观念中轻农的意识越来越普遍了。这些不正确的认识和观念，在我们国家由于二元结构的户籍制度而更加严重。

改革开放30多年来，中国经济最大的变化之一就是农业、农村的变化，种地的职业化要求越来越明显。联产承包责任制极大地激发了农民的生产热情，改变了中国农业面貌。但是，由于家庭经营土地规模狭小，农业的效益越来越难以养活数以亿计的农民，大量的农民转移到城市，一部分土地向种田大户集中，目前又开始向合作社集中。城市市场的需求对农业的影响也越来越大，地越来越不好种，很多农民辛辛苦苦一年下来，那点收入还抵不了生产的投入。所以，传统的那种面朝黄土背朝天的辛苦付出不行了，手上的老茧已经拼不过嘴上的名词了。这说明，中国的农民也真正到了职业化的转变阶段。职业农民，或者说职业的种地人群体呼之欲出。

二、职业农民与传统农民最大的区别是什么

我们认为，最大的区别在于传统的农民种地只知道如何把地种好，而今天的农民不能仅仅是把地种好，最重要的是把地里的产品卖好，求得一个好收成。按照收成的需求种地，是职业农民最重要的专业素养。这也就是为什么现在很多农民感叹

自己突然不会种地的道理。所以，传统农民向专业农民转变必须做到从面向黄土到面向市场。

面向市场的转变，对传统的农民来说可能是非常困难的，因为，从整体情况看，农民对市场的不适应还非常的明显。

三、新型职业农民的分类

（一）生产经营型职业农民

生产经营型职业农民是指以农业为职业、占有一定的资源、具有一定的专业技能、有一定的资金投入能力、收入主要来自农业的农业劳动力，主要是专业大户、家庭农场主、农民合作社带头人等。

（二）专业技能型职业农民

专业技能型职业农民是指在农民合作社、家庭农场、专业大户、农业企业等新型生产经营主体中较为稳定地从事农业劳动作业，并以此为主要收入来源，具有一定专业技能的农业劳动力，主要是农业工人、农业雇员等。

（三）社会服务型职业农民

社会服务型职业农民是指在社会化服务组织中或个体直接从事农业产前、产中、产后服务，并以此为主要收入来源，具有相应服务能力的农业社会化服务人员，主要是农村信息员、农村经纪人、农机服务人员、统防统治植保员、村级动物防疫员等农业社会化服务人员。

四、新型职业农民的基本特征

2012年，全国现代农业建设现场交流会上对新型职业农民的基本特征做了概括性描述，主要为以下几方面。

(一) 以农业为职业

新型职业农民必须是以农为业、以农为主、以农为本、以农为根，全职务农，把务农作为终身职业。

(二) 占有一定的资源

新型职业农民必须是通过山林、土地的流转实行适度规模经营，具有一定领导、协调、联络、沟通能力和团队合作能力的农业专业经营者。

(三) 具有一定的专业技能

新型职业农民必须是具有一项（类）以上较高的农业专业技术实践操作能力和一定的农业专业理论水平，取得农民专业资格证书和培训技术证书的农业专业经营者。

(四) 具有一定的资金投入能力

新型职业农民必须有一定的资金积累和发展再生产的能力，具有投资发展现代农业的热情和理念，不是完全靠政府补助和贷款维持经营的农业专业经营者。

(五) 收入主要来自农业

新型职业农民具备较大经营规模，农民本人或家庭收入的80%以上来自农业产业。

以上5个方面的特征是新型职业农民必须同时具有的，它们相互依存、有机融合，构成了新型职业农民的基本框架。

第二节 新型职业农民的认定

一、认定原则

坚持政府主导、农民自愿、公开公平公正、属地动态管理的原则。生产经营型,以县级为主认定;专业技能型和社会服务型,主要开展农业职业技能鉴定。由中央、省、州、市组织培训的农民在从业地申请认定。由县级以上(含县级)人民政府发布认定管理办法,由县(区)农业局组织审核认定。充分尊重农民意愿,不得强制和限制符合条件的农民参加认定。要建立新型职业农民退出机制,对已不再符合条件的,应按规定及程序予以退出,并不再享受相关扶持政策。

二、认定条件和标准

一是以农业为职业,主要从职业道德、农业劳动时间和主要收入来源等方面考虑;二是教育培训情况,接受过农业系统培训、农业职业技能鉴定或中等及以上农科教育作为基本认定条件;三是生产经营规模,以家庭成员为主要劳动力且不低于外出务工收入水平确定生产经营规模,并与当地扶持新型生产经营主体确定的生产经营规模相衔接。各县区制定详细的认定标准。

三、认定程序

由本人提出申请,报县区农业局审核、县区新型职业农民培育工作领导小组认定。经认定为职业农民的从业者,由当地县级政府颁发《新型职业农民证书》,全程管理、建档立册、计算机管理。

第三节 塑造新型职业农民的必要性

建设社会主义新农村,农民素质是关键。建设社会主义新农村是一项长期、艰巨、复杂的重大历史任务,是一个与现代化建设同步的过程。我国将长期处于社会主义初级阶段的基本国情,决定了新农村建设需要经过几十年、有些地方甚至需要上百年的艰苦努力。中央提出的新农村建设5句话20个字的总要求:"生产发展、生活宽裕、乡风文明、村容整洁、管理民主",涵盖了农村经济、政治、文化和社会的方方面面。其中最根本,也是最紧迫的任务,是提高农民的整体素质。

一、农民素质与新农村建设目标存在较大差距

经过多年的改革与发展,我国广大农村经济社会有了巨大进步,纵向上与自身相比,农民的素质有了很大提高。但是,我们也要清醒地看到,随着工业化、城镇化、市场化进程的不断加快,农业农村发展面临许多新情况、新问题,突出的表现就是"农村空心化、农业兼业化、农民兼职化"趋势日益明显,广大农民的素质无论是与形势发展需要,与现代农业发展需要,还是与新农村建设的需求相比都存在较大差距。其原因:①农民文化水平不高。②农民科技生产水平偏低,在一定程度上阻碍了农业生产水平的提高。③农民职业技能水平较低。④农民思想观念趋于陈旧。

二、农民素质不高阻碍了新农村建设步伐

农民素质不高,不仅严重制约了农村经济的发展,制约了农民收入的增加,而且阻碍了新农村建设的进程。①制约了农村劳动者向二、三产业的转移,制约了农村产业结构调整的步伐。②使他们不能很好地接受和掌握新技术,制约了农业劳动生产率的大幅度提高。在科学技术迅猛发展、信息化潮流汹涌澎湃、知识经济已初露端倪的今天,科学技术已成为推动经济增长的主要推动力。但是,科技的研究开发和掌握应用均离不开具有高素质的劳动者。③给他们在接受新观念、获取信息、提高技能、参与市场竞争等方面带来极大障碍,使之难以冲破

传统农业和小农意识的束缚。④阻碍了农民收入的增加。

第四节 塑造新型职业农民的现实意义

一、推进社会主义新农村建设的必要前提

农民是社会主义新农村建设的主体,农民素质的高低直接决定着新农村建设的成效。培养新型职业农民,提高农民的整体素质,是解决"三农"问题的治本之策。没有一大批"有文化、懂技术、会经营"的新型职业农民,要实现社会主义新农村建设的宏伟目标将会是一句空话。要把建设社会主义新农村的美好愿景变成现实,就必须对农民进行素质教育,着力培育现代新型职业农民。这是社会主义新农村建设最本质、最核心的内容。

二、发展现代农业的重要保证

历史唯物主义认为:人民群众是生产力中最活跃、最革命的因素,创造了社会的物质财富和精神财富。发展现代农业,提高农业综合生产能力实质上就是解放和发展农村的生产力,因此必须发挥农民——生产力中最活跃的因素的主力军作用。发展现代农业必须依靠科学技术,但更离不开人才的支撑。广大农民不仅是农业生产的直接参与者,也是农业科技成果转化的重要载体。大量的农业科技成果最终要被农民所掌握,才能转化成为现实的生产力。因而,培育大批"有文化、懂技术、会经营"的新型职业农民是发展现代农业的重要保证。

三、实现城乡一体化的必然要求

培育新型职业农民,全面提高农民素质,包括文化素质、

科技素质、人文素质，可以加快转移农村富余劳动力、推进工业化和城镇化、将人口压力转化为人力资源优势；不断增强农业可持续发展能力，切实提高农民收入，促进农村经济快速增长，进一步解放和发展农村生产力。在这过程中，随着生产力的发展，城乡居民的生产方式、生活方式和居住方式不断变化，城乡人口、技术、资本、资源等要素相互融合，互为资源，互为市场，互相服务，逐步达到城乡之间在经济、社会、文化、生态上协调发展，融为一体。

四、实现乡风文明的重要途径

建设社会主义新农村，既要加强农村物质文明建设，又要加强农村精神文明建设。要塑造文明乡风，就需要大力提高农民的综合素质。目前，我国社会正在面临一场前所未有的深刻变革，这必然会使农民的思想观念、价值取向等方面发生变化。在现实生活中，有的农民缺乏远大理想，拜金主义、享乐主义明显；有的农民只讲权利不讲义务，只讲索取不讲奉献；有的农民对美与丑、善与恶、科学与伪科学的判断标准模糊；有的农民政策观念、法制观念淡薄。这些对构建农村和谐社会是非常不利的。培育新型职业农民，可以使农民树立和践行社会主义荣辱观，自觉抵制不良思想的侵蚀，养成健康文明的生活习惯，不断增强环保意识、卫生意识和法制意识，为社会主义新农村建设营造文明乡风。

第五节　做学习型的新型职业农民

农民是新农村建设的主体，在建设新农村过程中，把塑造新型职业农民作为主要任务，正是贯彻和落实科学发展观的核心——以人为本的根本要求，重视农民、尊重农民，充分调动农民建设新农村的积极性、主动性和创造性，"充分发挥广大农民群众的主体作用，是建设社会主义新农村成败的关键"。

以人为本的"人"是指全体中国人民，包括8亿农民。农民是农村的主体，是农业的主人，从一定程度上说，农业、农村问题都是农民的问题。因此，在建设社会主义新农村的实践中，必须坚持以农民为本的价值取向，一切为了农民，依靠农民，塑造农民。

为了农民，就是把不断改善农民的生存和发展条件作为建设新农村的出发点和落脚点。当前，我们正在着力解决一系列关系农民切身利益的问题：一是从农民的根本利益出发谋发展、促发展，千方百计增加农民收入，使农民生活宽裕。为此，要建立农民增收的长效机制，广开农民增收渠道，充分挖掘农业内部的增收潜力，尽力拓展农业外部的增收途径。从近些年中央几个一号文件可以看出，中央始终把增加农民收入作为主题，按照"多予、少取、放活"的方针，制定了一系列补农、扶农、惠农、富农的政策。二是积极引导农村富余劳动力转移，维护农民工的合法权益。几亿农村人口转入非农产业和城镇就业，生产方式和生活方式发生历史性变革，是一个重大战略问题。改革开放以来，我国农村富余劳动力转移规模越来越大，速度越来越快，外部环境也日益宽松。2006年3月，国务院发布了《关于解决农民工问题的若干意见》，这对于切实保障农民工的合法权益，进一步改善农民工的就业环境，引导农村富余劳动力合理有序转移，推动新农村建设和中国特色的工业化、城镇化健康发展，具有重大意义。三是切实保障农民的经济、政治和文化权益，尊重农民的人权。必须全面改善城乡之间的资源分配关系，改变不合理的城乡交换关系，缩小农民与其他社会阶层之间在地位、权利、收入和能力等方面不断拉大的差距。这些年，中央大力推进体制改革，努力消除体制性障碍，坚决纠正土地征用中侵害农民利益的问题、拖欠和克扣农民工工资的问题，促进了农业农村发展，维护和保障农民权益。我们还要全面深化以农村税费改革为重点的综合改革，推进乡镇机构和管理体制改革、农村义务教育体制改革、县乡财政体制改革、农村金融体制改革和土地征用制度改革等。四是统筹城乡发展，逐步缩小城乡差距，切实改善广大农村和农民的生产、生活条件和整体面貌。要确立农村与城市生活等值的理念，逐渐消除城乡之间在生活质量上的差异，使农民在劳动强度、工作条件、就业机会、收入水平、居住环境等方面与城市居民等值，有效地保证留在农村的人口安居农村，建设农村。为此，要大力推进户籍制度、就业制度、社会保障制度、医疗卫生制度等改革，逐步建立城乡统一的制度体系。还要建立城乡之间资源和人才互动的机制，促进城乡一体化发展。

依靠农民，就是要让农民成为新农村建设的主体，尊重农民的首创精神，激发农民的创业激情。2006年中共中央国务院一号文件（简称中央一号文件，全书同）强调农民是建设社会主义新农村的主体，必须充分尊重农民的意愿，依靠农民的辛勤劳动，让农民自己选择符合本地实际的发展模式，参与实施方案的制定和操作，主动出资出力，自觉投入新农村建设。这充分反映了国内外农村建设的历史经验。如被欧盟当做现代化农村建设标本的德国巴伐利亚州，一条成功经验就是依靠村民的积极参与进行乡村变革。再如韩国新村运动的成功也是由于农民积极、广泛地参与了新村建设。我国农村在20世纪80年代中期曾经出现的良好局面，也是打破人民公社体制解放农民和发挥农民积极性的结果。而近些年来我们虽然把解决"三农"问题作为党和政府工作的重中之重，但没有根本改观，其深层原因就是没有真正启动农民的主体力量。我国半个多世纪的农村建设经验也表明,农民参与的程度和积极性、主动性、创造性发挥的程度是决定农村建设成败的关键。依靠农民建设新农村,需要从多方面着手。一是相信农民,尊重农民的利益要求。我国新农村建设中要相信农民,破除那些"不放心"农民的观念、做法。要尊重农民的创业精神,革除那些束缚农民创业的体制弊端,营造鼓励农民干事业、帮助农民干成事业的社会氛围,激发农民自主创业的潜能。同时,要重视利益机制导向的作用,破除那些限制农民的合法权利和积极性的体制障碍。只有把相信农民和尊重农民利益结合起来,才能收到更好的效果。如德国制定了保护农民权益的政策、法规和法律,采取了很多保护农民利益的措施,从而充分调动了农民积极性。韩国政府一方面倡导"勤劳、自助、合作"的精神,培养农民自发、自助、协同的主体意识,另一方面大力发展与农民生活息息相关的项目,改善生活的作用立竿见影,从而调动了农民的积极性和创造性,进而使新村运动最终转变为"民间主导型"的群众运动,使新村运动具有持续发展的生命力。二是充分发挥农民组织的作用。小农经济与市场经济存在着深刻的矛盾,主要表现为小农的财产分散占有方式与市场经济集中配置资源的矛盾、小农自给自足的消费方式与市场经济要求的普遍交换关系的矛盾、小农的小规模生产方式与市场经济大量、低成本原料供应的矛盾。这些矛盾会导致农业的凋敝、农民的破产和农村的衰落。因此,必须让农民组织起来,使他们通过合作经济组织更好、更大地发挥作用。发达国家的农民组织在推广农业科技、引进先进农业技术、培训农民技能、维护农民权益等方面发挥了不可替代的作用。无论是美国、加拿大的"大农"(家庭农场),还是欧洲和亚洲一些国家的"小农"(农户),都是通过建立合作组织来改变经营地位和环境的。目前,我国合作经济组织发展缓慢,这是影响我国农民充分发挥作用和农村经济社会发展的一个重要原因。三是要完善农村管理民主。村民自治是广大农民直接行使民主权利，依法办理自己的事情，实行自我管理、自我教育、自我服务的一项基本制度。民主选举、民主决策、民主管理和民主监督是村民自治的主要内容。确保农民群众知情权、决策权、参与权和监督权是农民真正拥有民主权利的关键。完善农村管理民主是改善干群关系、促进农村党风廉政建设、推动农村全面发展、建设社会主义和谐社会的需要。在社会主义新农村建设中，农村管理民主的核心是坚持党的领导、农民当家做主和依法办事的有机结合。

塑造农民，就是以实现农民的全面发展为目标，开发农民的潜能，提高农民的素质，促进农民从传统人向现代人转变。现代化的实质是化传统的结构、体制、观念和人，核心是化传统的农业农村结构、体制和农民的传统观念做法。我国是农民人口众多的农业大国，现代化程度还不太高，化"农"特别是造就新型职业农民是我国现代化建设的难题，我们面临的历史任务十分艰巨。塑造新型职业农民，是我国建设社会主义新农村的显著特点，也是建设社会主义新农村的落脚点。塑造新型职业农民也是一项系统工程，需要长期努力。当务之急的任务：一是加强对农村劳动力的职业技能培训，解决农村富余劳动力的就业问题。就业是民生之本，农村土地能够容纳的劳动力是有限的，大量的劳动力需要转移出去。这样才能提高农业生产率，增加农村农民和进城农民的收入。实际情况表明，农民务工能力和收入水平与他们的文化程度和技能一般呈正比关系。据有关资料统计，我国92%的文盲、半文盲在农村。目前，在农村的4.8亿劳动力中，小学文化以下的占40%，初中文化占48%，高中文化占12%；受过职业技术培训的农民不足5%，受过技能培训的仅为1%。农民由于文化程度和技能低下，进城找工作或者找收入较高的工作困难，而城市有些工作找不到合适的劳动者。因此，发展农村职业技术教育，实施农民培训工程，提高农村劳动力综合素质，是解决农村劳动力转移就业和增加农民收入的治本之策。二是培育农民的商品意识和创业意识。我国农村长期处在自然经济、半自然经济状态，小农经济的经营方式占统治地位，这种状态与社会化大生产和市场经济发展的要求不相适应，是影响农村发展的根本原因。我国正在建设社会主义市场经济体制，国民的市场经济意识普遍提高，但绝大多数农民的市场经济意识相对而言还很淡薄，经营管理和应对市场经济风险的能力还很低，在市场经济发展的条件下还有许多不适应。因此，要采取一切有效措施，造就一代有文化、懂技术、会经营的适应市场经济发展要求的新型职业农民。三是要全面提高农民的科技文化素质、思想道德素质和健康素质，从根本上改变农民传统的生产方式、生活方式、交往方式、价值观念和精神面貌。这就要求加强农村精神文明建设，加快普及农村义务教育，广泛开展多层次、多形式的技能培训，建立健全农村医疗卫生体系和新型合作医疗制度，使广大农民走向富裕、迈向文明。这是国家实现现代化的根本大计，关系到国家的兴旺发达。

第六节 职业农民的素质与新能力

做一个合格的新型职业农民应具备的基本素质如下。

一、要有新观念

新观念指主体观念、开拓创新观念、法律观念、诚信观念等。

二、要有新素质

新素质指科技素质、文化素质、道德素质、心理素质、身体素质等。

三、要有新能力

新能力指发展农业产业化能力、农村工业化能力、合作组织能力、特色农业能力等。

第三章 美化乡风民风

要让乡村美起来，不仅要金山银山、绿水青山，更要文明和谐的乡风、民风。脉脉乡情、淳淳乡风是新农村建设的终极目标，和经济建设比起来，文化建设更难，也更重要。要改变乡村的外貌可能只需几年的投入和努力，但要改变一个地方的旧俗、偏见和陋习则需要更长的时间、更多的努力及更多的心血。

第一节 乡村习俗民风的价值

民俗是民间流行的风俗习惯。它与社会生活有着密切的联系，是绝大多数人共同拥有的行为模式与价值观念。民俗是由大多数人之性情、爱好、言语、习惯等经过漫长的发展实践，在潜移默化中逐渐形成的一种风俗；是人们在长期的社会生活中相沿承袭的生活及文化活动，由诸如生老病死、衣食住行、婚丧嫁娶、宗教信仰、巫术禁忌等内容广泛、形式多样的社会生活所组成。民俗体现一定的价值观，影响着人们的意识与行为，充分体现出其社会价值。民风民俗通过长期的心理灌输，使人们形成自觉的行为方式，更好地得以交流、融合，促进人类文明的发展。民风民俗教育与规范着人们的生活，维系与调节着人们的各种关系，不仅对于个人的成长有积极的促进作用，对于社会的进步也起着不可忽视的作用。尤其是从礼仪的角度科学认识民俗的社会功能，具有十分重要的价值。

一、乡风是村庄的整体精神风貌

简单地讲,"乡风"就是一个乡村的风气与民俗。"乡风"是经由生活在村庄里的村民代代相传并沿袭下来的反映一个村庄整体面貌的社会风气和基本格调。具体来讲,"乡风"是由一个村庄的所有村民基于长期积淀而形成的生活习惯、社会行为、民风民俗、精神风貌、处事风格、道德水准等构成的,包括村民之间、邻里之间、村庄领袖与一般村民之间以及村民与外部社会之间在公共事务领域的合作准则和行为规范。这些准则和规范可以是正式的村规民约,也可以是村庄长期形成的传统习俗与道德伦理,具体表现在村民们在处理日常公共事务过程中所持的基本态度和行为当中。

【案例】

济盗成良的于令仪

北宋时期,在曹州(今山东曹县一带)有个叫于令仪的商人,以贩卖货物为业。他一生勤劳持家,晚年时家道殷实富足,成为了当地有名的富户。他为人善良忠厚,从来不做为富不仁、欺压乡邻的事情,他以仁爱为怀,宽厚待人。

有天晚上,一个小偷潜入他家中行窃,被他的几个儿子逮住了。喊声惊动了正在书房读书的于令仪,他提着灯笼赶来,认出这个低着头站在他面前的盗贼竟是邻居家的儿子。于令仪不禁大吃一惊,问道:"你向来是个本分的青年人,从未有过不良行为,为什么要做这种事?是不是有什么苦衷呢?"邻居的儿子回答说:"父亲近来病重,卧床不起,家里穷困请不起医生,不得已做了这样的事。"于令仪听后,不但没有斥责他,反而很同情他,于是问他想要什么东西。年轻人说:"只需十贯钱，就可以请医生给父亲治病了。"于令仪如数给了他。邻居的儿子谢过于令仪，拿着钱刚要走，于令仪又喊住他，年轻人很是惊恐。没想到于令仪却对他说："你三更半夜背着十贯铜钱匆忙赶回家，遇上巡逻查夜的恐怕会起疑盘问，你怎么解释呢？倒不如留下过夜，等天亮了再走不迟。"

事后，邻居的儿子十分感动，又觉得分外惭愧，从此改过自新，像于老伯那样宽厚待人，勤俭持家，最终成为了好后生。于令仪还挑选子侄中的优秀者，创办了学校，请有名望的教书先生来执教。他的儿子及侄子，陆续考中了进士，成为曹州一带的望族。

在古代邻里故事中，我们看到了乡村的邻里前辈通过自己的行为感化后生的动人故事。一旦这样的事迹传承得多了，也会感染和熏陶着周围的人更加团结互助、与人为善，随着这些村民们的友好和互助等善行的扩散，慢慢地就会在乡村形成一种良好的传统风尚。这些良好的乡风、村风包括乡村整体的道德风尚、文明风气以及村民个体的精神风貌、文化素养等。具体而言包括：邻里互助、干群和谐、忠孝礼仪、尊老爱幼、勤俭自强、诚实守信、民风淳朴、移风易俗……这些优良的民风、村风、乡风是中华民族千百年传承的农耕文明留下的宝贵财富与精神内核，是村民自生内发和内化的道德规范和价值观念，更是乡村持续发展的内生动力。优良的村风、文明的乡风是村庄的代言，更是村民良好德行的反映。

二、文明乡风是一道美丽的风景线

在我国以农耕文明为主导的漫长的社会发展历程中，优良的乡风和村风在整个农村生活中发挥着巨大的作用，它对村民日常行为和思维习惯的影响体现在乡村生活的方方面面，文明的乡风是乡村一道美丽的风景线。这些优良的乡风和村风是村民们在日常生活中不知不觉慢慢形成的，看不见、摸不着，却深刻地影响着村民们的行为举止和处世态度。其实社会环境很单纯，复杂的是人的行为，一个地方的风气就是人影响人，友善的行为多了，风气就好了，如果大家都只顾自己利益不顾他人利益，风气就败坏了。

【案例】

六尺巷的由来

六尺巷位于安徽桐城，是清代康熙年间形成的。据《桐城县志》记载，文华殿大学士兼礼部尚书张英老家的人与邻居吴家在宅基地的问题上发生了争执，两家大院的宅地都是祖上的产业，时间比较久远了，本就是一笔糊涂账。两家争执不下，谁也不肯退让。由于牵涉到宰相大人，官府和旁人都不愿沾惹是非，纠纷越闹越大，张老夫人便修书北京，要张英出面干预，打招呼"摆平"吴家。张英大人到底见识不凡，阅过来信，只是释然一笑，旁边的人面面相觑，不知所以。只见张大人挥笔赋诗一首，诗曰："千里修书只为墙，让他三尺又何妨？万里长城今犹在，不见当年秦始皇。"书信托来人带回老家，家人见有书信返回，喜不自禁，以为张英定有一个强硬的办法让邻居妥协，或者有一条锦囊妙计。当家人看到回信只是一首打油诗时，一开始不免觉得败兴。后来，张夫人和家人一合计，觉得宰相说得很在理，邻居相处低头不见抬头见，不如将围墙退让三尺看看。于是，立即主动将围墙退后三尺，村民们交口称赞张英及家人的豁达态度。吴家见此情景，既惭愧又感动，全家一致同意也把院墙向后退让三尺。两家人的争端因为各自的退让而平息，并且化干戈为玉帛，世代交好。这样，在张吴两家的院墙之间，就形成了六尺宽的巷道，这条几十丈长的巷子虽短,留给人们的思考却很长。这就是有名的"六尺巷"的由来。

争一争,行不通;让一让,六尺巷。六尺巷的故事告诉我们,生活在饱含着脉脉乡情和淳淳乡风的村庄,能在很大程度上凝聚乡土人心、促进生活幸福,并且能够在维护社会稳定、推动村庄发展等多个方面发挥显著的作用。具体来说,文明的乡风在以下几个方面发挥着重要的作用。

(一)带动村民主动改善自己的不良言行

农民作为村庄的主人,当受到良好的乡风熏陶时,能够清晰地意识到一些负面的思想观念和思维方式(例如,唯利是图、见利忘义等)对村庄整体造成的危害,就会主动地调整和改变过去的陋习,而农民的思想观念和行为方式的改善,与乡风文明的促进是相辅相成的关系。一旦形成良性的循环,就会带动整个村庄风气的净化和好转。文明的、优良的乡风能够感染和带动整个村庄的风气,规范和矫正村民的日常行为,使村民能够自觉的约束自我和完善自我,进而潜移默化地提升村民的素质。

(二)增进乡村幸福生活的吸引力

"人心齐,泰山移。"在上述六尺巷的案例中,有利益诉求的双方都能够站在对方的角度考虑问题,以公共事务的利益为重,体现了优良民风、村风中蕴含的见贤思齐、崇德向善的力量。在农村社区这一相对独立的社会系统中,村庄的凝聚力是促进乡村发展和提高村民生活满意度的标尺。但应该看到,新中国成立后历次政治运动和市场经济对传统村落的渗透,使得村庄的集体凝聚力受到冲击。如果每个村民都能够关心和重视公共事务,那么淳朴的乡风和向善的社会舆论就将成为增进村庄凝聚力和提高村民乡村生活满意度的突破口。

(三) 促进整个社会环境的和谐

"你敬我一尺,我还你一丈。"六尺巷的故事告诉我们,正能量的风气能给人们和社会提供积极向上的生活氛围,使人们移风易俗、破除陋习,追求健康美好、科学文明的生活方式。在这样的村庄里生活,人和自然的关系是和谐的,人们不会为了一己私利而破坏自然环境和公共环境;人和人的关系融洽友好,家庭成员之间互爱互谅,邻里之间互帮互助,其乐融融,干群关系和谐,干部有很高的威信,公正地处理公共事务,群众积极参与村内事务。这样的村庄就是非常和谐稳定、人心所向的农村社区。

三、文明乡风靠大家

伴随着我国市场化、城镇化进程的推进,古老传统的乡村在空间布局、人口组成、社会结构及利益关系等方面正在发生着深刻的变化,有些村庄悄然消失,有的村庄已经合并,还有的变成了"留守村""空心村"。有研究表明,面对市场经济和城市文明的冲击,古老的农村社区已然发生了巨大的变化,一些不良乡风正在村庄大行其道,例如,红白喜事场合中低俗淫秽歌舞表演盛行,扑克麻将的娱乐功能退居其次、聚众赌博现象严重,非法早婚早育现象成风,村干部缺乏威信、干群关系紧张,治安状况差偷盗事件频发等。诗意化的"采菊东篱下,悠然见南山"的田园生活,成为了人们心中可望而不可即的桃花源。面对时代的变迁,如何传承和重塑优良村风是每个人应当郑重思考的话题。也就是说,如何让乡风美起来,说起来容易做起来难,我们可以试着从以下几个方面入手。

(一) 构建友好的邻里关系

常言道"远亲不如近邻"。但邻里相处,有时候磕磕碰碰是难免的,为了避免矛盾升级,最重要的是待人接物要心平气和,不能私心太重,要大度宽容。"退一步海阔天空,忍一忍风平浪静",只要态度真诚,充分表达自己的礼让和宽容,定会令邻居感动。

【案例】

罗威饲犊

东汉时期有个人叫罗威,自己的庄稼多次受到邻家牛的践踏,他和邻居交涉,邻居不予理睬。罗威并没有火冒三丈,而是想,问题的焦点在牛,那就从牛身上寻找解决矛盾的途径吧。于是,罗威每天天不亮就起床打青草,然后悄声无息地堆放在邻居家的牛圈前。牛一见到鲜嫩的青草,就大嚼特嚼起来,吃饱了就睡觉,再也不去吃罗威家的庄稼了。邻居每天起来,总看到牛圈前有一堆青草,颇感纳闷,后来才知是罗威所为,既惭愧又感动,从此对牛严加看管。后来,两家的关系越来越融洽了。

这则故事告诉我们,邻里之间要以礼相待,对邻居不合理的做法采取"有理、有节"的态度,合理、妥善地解决处理。切不可意气用事,斤斤计较,双方应该互谅互让,大事化小,小事化了,不将矛盾激化,共同创造一个温馨和谐的邻里环境。

(二) 建设和谐的干群关系

良好的干群关系对一个村庄的整体风气和氛围的影响至关重要,它关系到乡村社区的总体人际关系是否和谐融洽。对村庄领袖而言,要做好村里的工作,光靠信心和勇气是不够的,还要特别注意做事的方式与方法。村官不能太注重"官"字,不能把自己当成高人一等的"领导",要主动放下身段，将自己真正地融入到普通农民中去。这样，在开展工作的时候才能相对容易一些，也能真正体会到自己工作的意义。下面介绍一个案例，说明尊重民意，妥善处理干群关系的重要性。

【案例】

乌坎事件
——漠视群众正当利益和合理诉求的后果

乌坎村是广东省陆丰市东海镇的一个边陲渔村，与乌坎港毗邻，富甲一方，被称为"汕尾第一村"。2011年9月21日，乌坎村400多名村民因土地、财务、选举等问题，对村干部的作为产生了强烈不满，交涉无果。第二天下午，部分气愤的村民到陆丰市政府上访，后经相关领导驻村调解矛盾，事件暂时平息。11月21日，400名左右村民打出标语再次上访。因有关部门处置不当，致使一些村民发生打砸行为，使矛盾升级，部分村民被拘捕，其中1人在押期间突然死亡，围绕死因与尸体处置问题，矛盾进一步激化。村民设置路障阻止当地公安干警进村，而当地公安部门则封锁该村，双方形成对峙局面。12月21日，广东省委领导同志带领工作组进驻乌坎村，做了深入细致有效的工作。乌坎村村民的过激行为和情绪逐渐缓和平息。

12月28日起，广东省委工作组在乌坎村先后召开多次群众通报会，公布解决土地问题的时间表，对乌坎村第五届村委会换届选举做出整体无效的认定，并尽快组织村委会重新选举。汕尾市委、市政府做出决定，由政府出面协调、赔偿征地者损失，收回404亩事件所涉用地，通过征求规划部门和村民意见后再进行新的开发，并充分保障村民的利益。乌坎村临时代表理事会数十名代表同意取消原定的上访游行活动,撤掉村内的横幅标语,恢复正常生产生活秩序。2012年3月4日,乌坎村村民经过投票选举,选出了新的领导班子。

在上述案例中,虽然经过广东省委的努力,"乌坎事件"最终得到了初步解决,但其中付出的沉重代价和留给人们的思索却发人深省。漠视群众的正当利益和合理诉求将带来严重的后果和深刻的教训。这一事件更应该警醒身处基层的村干部,看清楚在处理干群矛盾时应采取什么样的态度和方式。从该事件的发生过程来看,农村基层干部在处理矛盾时采取了两种截然不同的方式:一是与群众强硬对立,结果就是激化矛盾,导致严重后果;二是尊重民意,疏导民众情绪,化解矛盾。显然,第二种方式是合理解决问题的有效方法。所以,在处理类似的问题时,要站在群众的立场,倾听他们的诉求,以最大决心、最大诚意、最大努力解决他们的合理要求,不激化矛盾,主动与民众真诚理性地沟通,尊重民众的意见,形成干群良性互动的局面,只有这样,才能使矛盾得到有效合理的解决。

(三) 赋予村民村务参与权

幸福健康的生活离不开和睦美满的家庭,更离不开和谐友好的社区关系。要想创造一个和谐友好的农村社区,村民对村内公共事务的话语权和参与权必不可少。如今,年轻人大都外出打工,长期居住在村里的人口大部分是老人、妇女和儿童,要想召集村民开会集体商讨公共事务不是一件容易的事。下面介绍一个通过在网上建立"村民博客"让村民直接参与村务管理的实例。

【案例】

村民博客
——村民直接参与村务管理的创新

位于江苏省淮安市城郊的东风村，近几年经过征地、安置，3 000多村民分住四方，成为淮安市居住最散的一个村。村庄的管理成了问题，特别是召集大伙开会很不容易，这让村主任着实伤透了脑筋。看到大家都热衷于上网，村委会委员们开动脑筋，想到了通过在网上创建"博客"的形式集思广益、让村民们参与村务管理的办法。没想到，随着"东风村博客"的建立，参与讨论的村民越来越多，人气越来越旺。很多村民都把村博客设成了电脑首页，一早一晚都来看看有没有更新。在开发区打工的青年村民说："博客相当于把村委会搬到了网上，为年轻人参与村务提供了新平台。"

"村民博客"不仅使年轻人实现了参与村务、表达诉求的愿望，也让一些中老年村民跃跃欲试参与讨论。有位50多岁的村民说："我不会打字，也不会上网。有什么意见叫孙子过来，我说他打字，反映上去。有话网上直说，不像过去，大家有意见不知找谁、往哪说，积在心里，往往生出谣言和事端。现在不同了，有了公开表达意见的渠道，村务都非常透明，大家共同商议解决，实现了普通村民的村务决策权。"随着"村民博客"的兴旺提升了村民的"参政"意识，也促使村里的决策更加民主和科学，把群众最关心的事交给他们自己定，也带动了很多村民买电脑、装宽带，短短不到一年的时间，全村1 231户中近1 000户买了电脑，成为了"村博一族"。村主任说，"村民博客"开通一年多来，收到有价值的意见和建议40多条，实现了"村策村民定、村务村民理"，村里的好做法很多都是从博客上收集来的,从没出现谩骂的帖子。比如,像迁水厂、整治河塘、建休闲广场等村里10多件大事的解决方案,都是经村民网上多番讨论集思广益的结果,办完后没一个村民有意见。"村民博客"的实践证明,只有将决策权交给村民,困扰农村发展的一些老大难问题才能迎刃而解。

此外,"村民博客"的开通,还拉近了邻居的心理距离,和谐了干群关系。曾有因宅基地两家三代人老死不相往来的旧街坊,通过在网上聊天,化解了多年的矛盾,两家人到小饭店吃顿饭,相互敬酒,表示恩怨不能再留给下一代了。一名在苏州打工者通过"村民博客"知道了东风村,被这里淳朴和谐的民风打动,为村里介绍了一个500万美元的大项目,为东风村发展带来新的生机。

上述案例中的东风村通过大胆创新,在网上开通"村民博客",集中民智、发扬民主,使"村民博客"成了村里民主决策和情感沟通的网上家园。"村民博客"不仅创新了农村基层管理模式,更使东风村变得融洽而和谐。赋予村民参与村务决策的机会,体现了决策的民主性和公平性,这种集思广益的做法也提高了决策的科学性。从村民的角度来看,有助于加强村民对村务决策的理解,提高了村民参与村务的热情和信心,增强了村民的社会责任感和村庄的集体凝聚力。

四、习俗民风是乡村文化建设的根基

传统民俗活动反映了一个地区的文化发展历史,是传统的社会环境、经济环境、自然生态的产物,反映了当地群众的生活娱乐和审美情趣,更是紧密联系国家方针、政策的产物,并深受其影响。

作为世代相传、约定俗成的民俗活动,承载了农村群众的传统精神,保留了大量的传统生活方式,如供桌上的水果、猪头、鸡鸭、寿桃、方糕、粽子等；包含了丰富的文化内容，如庙会时丰富的民间文艺演出，有舞龙、打腰鼓、打莲湘、卖珠宝、挑花篮、荡湖船、唱小戏等。民俗在一定程度上体现了农村群众勤劳质朴、热爱生活的精神特质，使其在集体活动中树立正确的人生观、价值观，培养团结互助、谦让奉献的主人翁精神。

特别是推进中的乡村文化建设，以及实施中的文化品牌战略、原汁原味的传统民间节日、雅俗共赏的民间文化活动，都融合在我们每个人的血脉和生活流程中，存储在社会各阶层的心理结构中，具有无形的凝聚力。地方特色鲜明、时代特征明显的传统民俗活动是乡村文化建设蓬勃兴起的坚实基础。

(一) 民俗活动是推动新农村建设的有效手段

乡风文化是中国传统文化的重要组成部分，在新农村建设之中发挥着重要作用。

乡风文化是历史文明的传承。乡风文化承载的是历史发展长河中人们的精神与情感，是农村原生态的、深厚的文化积淀。目前我国的文化生态正在发生改变，而乡风文化也以它自身传统而独特的方式集聚在农村。它所涉及的范围非常广泛，有文学、音乐、舞蹈、体育竞技、医药、手工技艺、民俗等多方面。每个人的衣食住行也都浸润在他所生长的社会文化体系中，所以乡风文化在各个方面都潜移默化地影响并教化着人们的思想观念。无论时代如何发展，都需要汲取乡风文化中的精华，使乡风文化作为新农村建设持续发展的催化剂，使乡风文化更好地传承、发展下去。

乡风文化是构建和谐社会的文化基础。在和谐社会的建设中，特别是在新农村建设日益推进的今天，我们需要倡导正确的传统伦理道德，鼓励向善的个人美德，历史地、辩证地审视和正视乡风文化的发展与保护。民俗活动是乡村文化建设的重要组成部分，活动本身包含了人与自然、人与社会、人与人之间和谐、开放、可持续发展的时代特征。冯骥才先生曾经这样描述过民间乡风文化：它的本质是和谐；它的终极目的从来就是人与自然的和谐（天人合一），还有人与人间的和谐（和为贵），因此，它是我们建设和谐农村和先进文化得天独厚的根基。各民族、各地域的文化都是那一方水土独特的精神创造和审美创造。它又是人们乡土情感、亲和力和自豪感的依托，以及永不过时的文化资源和文化资本。

乡风文化是新农村建设的重要财富。乡风文化反映一个地区的地理特征、历史渊源，反映当地群众的生活习俗、生存状态。积极向上的乡风文化活动有利于创造和谐的社会环境，提升当地的社会知名度。乡风文化已成为各地发展的一张无形的名片，让更多海内外的朋友知道并了解当地的风土人情。进一步说，乡风文化以其特有的表达方式以及独特的艺术魅力，陶冶人的情操，凝聚人的精神，提升人的素养。优美的人文环境、淳朴的乡间民风吸引更多的各地客商前来投资兴业。一系列民俗活动的开展，也充分体现出"文化搭台，经济唱戏"的新格局，为文化经贸交流搭建了一个良好的平台。

（二）参与民俗活动的群众是乡村文化建设的主角

农村人群中的多数年轻人外出求学，多数青壮年外出打工，很多人对于这种传统的民俗活动多是一知半解。民俗中许多带道具的表演，如卖珠宝、扎肉提香等文艺演出已濒临失传。另外，由于缺少壮年男子的加入，许多体育竞技活动也已逐年减少。现在，很多民俗活动中身怀绝技的老艺人都已体弱年迈，或已驾鹤西归。这些宝贵的民间文化遗产也就随着人的消逝而消逝。传统文化遗产的消失是无法用任何方式、任何物质来弥补的，一旦灭绝就永不再生。

另外，随着新农村建设的推进，人们的生产生活方式出现了重大转变，原来集聚的乡风文化体系随着"两新"工程等的发展被变相打散，乡风文化的传承相对于民俗活动的口耳相承更需要抢救、保护、传承。在做好老一辈民间艺人挖掘的同时，应培养起年轻一代的乡风文化队伍，调动起农村群众参与文化活动的积极性，增强乡村文化建设的活力。

新农村建设的关键因素在于"人"，只有农民的文明素养和文化素养提高了，致富技能加强了，具有了"造血"功能，新农村建设才能长足发展，不乏动力。参与乡村文化活动的广大农民群众，才是新乡村文化的主角。同样，乡村文化只有深深植根于广大农民群众中，才有旺盛不竭的生命力。

五、民俗的五大功能

民俗是具有社会共同认可前提的。它的形成取决于大多数人的价值取向模式，而非个人喜好。因此，它形成后也对绝大部分人生效，以不同于法律法规的模式制约与影响着人们的生活，使人们在民俗理念的基础上彼此交往、相互合作。缪菁在《兰州学刊》撰文概括为五大功能，很有代表性。

（一）教化功能

社会民俗的教化功能，指民俗在人类个体的社会文化过程中所起的教育和模塑作用。社会生活总是先于个人而存在，个人不能选择他所希望的社会形式，人总是在十分确定的前提和条件下创造历史。人是文化的产物。民俗作为一种文化现象，在个人社会化过程中占有决定性的地位。人一出生，就进入了民俗的规范。人生活在民俗中，就像鱼生活在水中一样，须臾不可离开。教化功能是民俗社会功能的一个组成部分，是不同于文字等教育手段及教育设施的特有形式。它通过一些民俗事项，如神话、寓言等发挥着教育工具的作用；着重在伦理道德、行为规范、团体与个体关系等方面对下一代人进行渲染与培养。同时，民俗事项在一定程度上保持了文化的稳定，使一些活跃的、强有力的（社会）力量得以发展延续，不断推进人类文明的进步。如各种风俗、祭祀、礼仪不仅保持了文化，而且强化了人们的民族意识，使其保持和延续自己文化传统上的责任与义务。礼仪要求人们自觉遵守社会所倡导的行为规范，并且纠正那些不合乎规范的行为。它通过教育和引导，提高人们的自觉性，从而形成行为自律，鼓励和引导个人在思想修养等方面趋于完美的境界。

如在中国，对于长辈的称呼，一定要有敬称，不能直呼其名。这虽然看似自然，却也是一种民俗的发展结果，成为礼仪最基本的部分。这种礼仪的形成，没有什么强制手段，采用约定俗成、继承延续的自然方式，使得尊敬长辈成为内心自然而然的情感留存，也增添了社会秩序的有序性。

（二）规范功能

社会民俗的规范功能，指民俗对社会群体中每个成员的行为方式所具有的约束作用。人类社会是群体社会。许多人生活在一起，就必须建立必要的秩序。没有秩序就会乱作一团，没有规矩不成方圆。就是孩子们在一起玩游戏，也得制定大家都认可的游戏规则，并且大家都遵守这个游戏规则，游戏才能顺利地进行下去。推而广之，人类社会的群体生活要能进行下去，使得人们能够和谐相处，就需要建立一种适宜于这一群体生活的正常秩序，并用一系列被群体成员普遍认可的行为规范来约束，以保证这种秩序的正常运行。规范功能是民俗事项的另一重要功能，它具有实施社会压力和社会控制的作用。许多民俗事项并不是法律，但在某些情况下却具有法律的功用，对人们的思想和行为具有强烈的约束效果。这种约束作用一般是借助于强大的社会舆论和人们的良心、负罪感、内疚感等一系列心理活动来达到的，是一种自律的变相表现方式。它通过一种暗示方式左右着人们的行为，而非暴力手段。而各种习俗、惯例、禁忌等民俗事项都具有这种功能。礼仪为人们划定了行为的得体或失礼的范围，制定出人们应该具有的行为模式与标准，是人们自尊心的必然要求。人是社会性生物，需要社会的认可，是活跃于集体中的因子。缺失了礼仪会造成一定程度的被冷落、被排斥，而这种心理就成为民俗中的礼仪起作用的主要动因。如中国传统的待客之礼，应是主动、周到；与客人交谈要精力集中，不能漫不经心，不能读书看报或频频看表。否则，这些都是不尊重对方的。有些人追求所谓的"随意"，但一定要建立在礼貌的基础上，否则就成为缺少内涵修养的表现。尊重民俗礼仪也是尊重自身文化的方面，不能忽视。

（三）维系功能

社会民俗的维系功能，指民俗统一群体的行为与思想，使社会生活保持稳定，使群体内所有成员保持向心力和凝聚力。民俗不仅统一着社会成员的行为方式，更重要的是维系着群体或民族的文化心理。每个民族或社会群体，都生活在特定的自然条件和社会环境中，有自己独特的历史道路，因而形成了特定的集体心理。民俗是人们认同自己所属集团的标识。例如，世界各地的华侨虽然身处异地，但他们通过讲汉语、吃中餐、过中国传统节日等方式，与自己的民族保持认同。中国是多民族国家。每一个民族都有其本民族的特色与特点，有着有别于其他民族的习惯与生活方式。这是历史发展的结果，形成的独特的民俗。而所有这些却维系着一个民族所有人的关系。不管何时何地，本民族的成员都会有一种特有的默契，保持相协调的状态发展进步。而所有的民族又因为中国几千年的独特习俗，共有中国人生活的特点，如饮食、居住等方面的共同特征。这又维系着所有民族的关系，在同一个国家中共同奋斗、共同发展。礼仪也是这样一种规范。有了礼仪，人们就有可能谋求进入有序的轨道。人与人之间有了正常的交往与协作，也就有可能使得群体产生向心力和凝聚力，从而进一步保证社会的稳定和健康的发展。不同民族的人们在一起，应相互尊重民族习俗、民俗礼仪。对于有宗教信仰的少数民族人群，应尊重其宗教信仰，不应嘲笑、讽刺。相互的尊重可以促进关系的融合，从大处着眼也有利于社会的稳定。民俗的维系功能十分重要，它起着稳定社会格局的作用。对此项功能的深入研究，有利于国家乃至整个国际社会的稳定与繁荣。

（四）调节功能

社会民俗的调节功能是指民俗活动中的娱乐、宣泄、补偿等方式，使人类社会生活和心理本能得到调剂。在社会民俗这个领域里，我们尤其要指出的是在人际交往过程中的一系列习俗惯制，往往是协调人际关系的一种润滑剂和调节器。《史记》里记载了一则张良年轻时候的传说，一直为人们所称道。张良当年在圯桥散步。一位老人故意把鞋落到桥下，让张良去拾。张良心中十分不快，不过想到他是老年人，就忍了下来，不仅帮老人去捡鞋子，而且还恭恭敬敬地替老人穿上。老人称赞他："孺子可教也！"并约他五天后在刚天亮时到桥上来相会。张良赴约，却两次比老人到得迟。老人很生气，批评他，说："跟老年人赴约，怎么可以迟到？"要他再过五天来。第三次，张良未到半夜就等候在桥上。老人很高兴，说："当如是。"于是送给他一部极有价值的天书，据说这部天书成就了张良。这个传说有夸饰和虚构的成分，却真实地反映出了人们对历史的理解。不难看出，在古代的社会民俗中确实有许多尊老的内容。对于年轻人对待老年人的行为方式，形成了一系列的规范和约束。张良遵循了这种规范和约束，表现出良好的礼仪行为，才获得了与老人交往的成功。民俗的调节功能通过纠正人们的行为方式，塑造良好的社交形象，来达到协调人际关系的目的。并且,在一定程度上,以某些特有的方式调节人们的内心情绪,促进了社会的稳定。人们需要共同的社会群体,因为共同的生活有利于个体的自我保存。这种共同生存方式要求限制个人自由、强迫劳动、压制个别社团成员的利己私欲等。要想使人类的行为符合社会的需要,只能依靠强制的力量。民俗运用其特有的功能限制与调节人们的各种活动,使人们更好地在社会中发展前进。民俗事项中的笑话、绕口令、童谣等往往具有明显的心理调节功能。某些民俗的活动,如民间歌舞、民间竞技等也在不同程度上调节着人们的心态。礼仪也同样具有调节人们生活状态的作用。在现实生活之中,按等级分配仍然是不可避免的。如在大型的会议中,主席台上的座位都是按照一定的等级秩序来安排的,以保证仪式的规范与正常进行。这种调节功能就是礼仪民俗所特有的。同时,礼仪也在人际关系的交往中起很大的作用。良好而得体的礼仪可以化解矛盾,使人们以礼让的态度互相对待,从而形成良好的交际氛围。如在民间礼俗中,寻求合适的时机送上一份恰当的礼物来弥合存在的裂痕或沟通已疏远的朋友,都是调节的表现。在公共场合妨碍了别人时,礼貌的"对不起"等便可缓和气氛、化解冲突。

(五)教育功能

社会民俗的教育功能,主要表现在社会群体对其成员的教化作用。从一个人出生之时起,他生于其中的风俗就在塑造着他的经验和行为。到他能说话时,他就成了自己文化的小小创造物。而当他长大成人并能参加这种文化的活动时,其文化的习惯就是他的习惯,其文化的信仰就是他的信仰。这样一种教化过程,一般不是由学校教育来完成的,而是由社会民俗来实施的。首先,在每个孩子自己的家庭里,由家庭这个社会组织来实施。在孩子稍稍长大些后,在他所在的家族和村落里,他周围的人也用各种方式热心地教化他,告诉他或是暗示他哪些是民俗允许他做的、哪些是民俗不允许做的,并且教会他一系列的行为规范以及行为规范所赖以存在的文化心理。此后,当他每进入一种社会组织,这个社会组织的其他成员便立即会用种种方式帮助他迅速地习得该社会组织里的习俗惯制。

民俗和法律不同:后者通过强制手段强制约束人们的行为;而前者虽然有一定程度上的强制,但更多的是一种软控,重在自律,是一种潜移默化的过程。也就是说,社会民俗对个体成员的要求,主要是通过示范、灌输、评价、劝阻等教育方法,要求人们遵守社会所倡导的、所允许的那些行为规范,并且自觉纠正社会所不允许的行为方式。民俗是具有社会性的,它与人们的生活息息相关,它的社会功能体现在各个方面,而礼仪中的体现只是很小的一个支流。它在一定程度上反映了这些功能的巨大价值,很具有代表性。遵循社会民俗,不仅仅是一种行为方式的习得,同时还在文化心理上产生了深刻的作用。逐渐地,全体社会成员便有可能形成大致相同的价值判断定势。由此可见,社会民俗的实施过程实际上也就成了一个社会成员接受教化的过程。民俗礼仪是社会生活不可或缺的重要内容。它使人们具有自觉的意识,更加文明,更加进步,增强自身的自尊、自律、自信,为民族的振兴与国家的繁荣而不断努力。民俗学是一门价值性极高的学科,应加强对其重视程度,以求在相关学科得到应用,促进共同的发展,更好地指导人类的生活。

六、民俗促进区域经济繁荣发展

农村习俗是乡村民众在长期生活中所形成的生活方式与行为习惯,是具有鲜明特色的乡村文化。它既反映了村民的生存、生活状态与精神面貌,又维系着农村生活秩序与邻里关系，对农村社会稳定与经济发展具有十分重要的影响与作用。

(一) 有利于提高地区的知名度

各地的民风民俗有各自的特点，因而对于提升地区的知名度有重要作用。

各地举办文化节的目的就是进一步提高地区的知名度。充分挖掘农牧业特产资源、特色文化，展示乡风文化魅力，可进一步提高其知名度、美誉度和外向度。集中推介以民俗民风为代表的丰富优质文化资源，开展经贸洽谈和招商引资活动，可以让更多的人了解，从而促进经济社会更好更快地发展，展示深厚的文化底蕴，树立文明开放的形象。通过各种民俗民风文化节，外界的朋友更多地了解当地丰富的民俗民风文化资源，当地的经济发展获得了新的契机。应发挥民俗民风文化的综合效应，打造文化品牌；通过"文化搭台、经贸唱戏"促进招商引资和经贸合作；推动经济强县、文化名县建设；打造与民俗民风有关的文化和经济产业，加强与企业的合作，使民俗民风文化与市场经济紧密结合起来，形成一批经济效益佳、社会影响力大的相关产业，促进区域经济快速发展。

(二) 有利于凝聚民心

乡风文化是民族精神、个性特征的载体，具有团结社会的凝聚力与亲和力。乡风文化还可以教化人心、匡正风气。民俗还是法律的补充，社会治理需要有效地运用民俗的力量。譬如春节所表现出的敬奉祖先、家庭和睦、邻里和谐的"和合"精神，端午节所崇尚的对真、善、美的执著追求及强烈的爱国主义情怀，七夕节所蕴含的忠贞不渝、诚信友爱的观念，重阳文化所尊奉的"五伦之孝，推家至国，以孝齐家，以孝治国，达至和谐大同"的传统美德等。倡导对传统节庆的弘扬，对于尊崇人伦观念、规范言行礼仪、调和人际关系、调适群体生活、提升道德水准乃至构建和谐社会无疑具有重要作用。

(三) 有利于发展特色旅游文化

民俗是最活跃的旅游资源,民俗涉及旅游的行、游、住、食、购、娱的方方面面。应综合开发,发挥它的综合作用。因此,对乡风文化的旅游开发进行研究已成为当今一个十分重要的资源。应秉承深厚的传统民间文化底蕴,开发历史古迹,竭力弘扬马戏、杂技等一批非物质文化遗产,发展观光农业,把农业与文化融合起来,力求突出"特"字;办好各种艺术节,着重打出"精"字;主推文化游,在对民风民俗现状有深刻了解的基础上,对民间艺术和民风民俗要大力宣传,让更多的人来观光旅游。

第二节 我国乡村的社会习俗变迁

社会习俗是指历代相习、积久而成的风尚、礼节、习惯的总和。它具有相当大的稳固性,但社会习俗并非静止不动,尤其是在社会急剧变革的时期,社会习俗的兴衰生灭表现得尤为激烈。中国新时期的经济改革以农村为突破口,改革带来的经济发展必然会促进中国农村社会习俗的变迁。20世纪80年代是经济改革在中国农村全面展开的时期,它在改革开放以来中国农村的社会变迁过程中处于承前启后的位置,这一时期的社会习俗变迁必然有其独到的特点。

一、我国乡村消费习俗的变迁

消费习俗是与人们的社会生活联系最为密切的方面,也是最为活跃、最易变化的习俗因子,一般情况下可以概括为服饰、饮食、居住和出行4个方面。

(一) 服饰习俗的变化

从新中国成立到中国共产党第十一届中央委员会第三次全体会议之前,由于各种因素的影响,中国人服饰的单一与趋同现象非常显著,曾被讥称为"蓝蚂蚁""灰蚂蚁"。农村当然也不例外。尤其是由于经济条件的限制,"新三年,旧三年,缝缝补补又三年",不仅是一种社会风气的提倡,在农村更是一种万不得已的选择。到 20 世纪 80 年代,以上情况发生了很大的变化。

从服装质料上来说,20 世纪 80 年代,中国农村的棉布消费减少,呢绒、绸缎、化纤布、毛线等的消费增加。其中,化纤布、呢绒的消费增幅最大。这与 20 世纪 90 年代末的"返璞归真"(即转而倾向于纯棉类的消费)刚好相反,但的确反映了当时的服饰消费时尚。在服装的颜色上,农村同城市一样,开始以五彩缤纷取代了过去的蓝、灰、黑。在服装的样式上,开始由注重实用转为注重美观,喇叭裤、连衣裙、夹克衫、西装等也成为农村年轻人的时尚。尤其是一些外出"见过世面"的年轻人,成为农村新式服装普及的领头人。许多农民尤其是年轻人不再让裁缝做衣服,而是开始消费成品衣。农村集镇的服装店逐渐多了起来。浙江温州等地面向农村的服装市场的兴起,也正式开始于 20 世纪 80 年代。一些农村的年轻女子也开始佩戴项链、戒指、耳环等各种饰品,高跟鞋、丝袜、化妆品也成为农家女子的偏爱。在发式上,改革开放前,农村男子多为平头或光头,女子多为短发或两个发辫。到 20 世纪 80 年代,许多年轻人大胆改变了发型,男子留起了分头,当时一度在城市流行的男子长发在农村也有过一定市场。许多年轻女子开始烫发、盘发,有的留起披肩长发或扎起一个马尾巴,扎着两根长辫子的"村姑"形象成了过去。理发店、美容店在农村的集镇上也日益增多。

（二）饮食习俗的变化

中国是世界上饮食文化较为发达的国家。总的来说，中国经过几千年的发展，已形成了自己独特的饮食模式，并且一直没有多大变化，即以五谷为主食，以各种蔬菜、肉类为副食。这一传统饮食模式的稳定性在农村的体现更为显著。但由经济因素决定的具体的饮食构成，在不同的时期还是有所不同，从而也就带来了饮食习俗的变化。由于改革开放以来农村经济的发展，20世纪80年代以来，中国农村的饮食习俗发生了不小的变化。

国家统计局1981年提供的对10 282户农村家庭的调查资料显示，农村家庭在农村改革刚刚起步的1979年人均消费主食5 514元，人均消费副食2 719元；副食的增幅大于主食。总的趋势是主食的消费减少，副食的消费增加。这种趋势一直持续下来。到20世纪80年代末，据统计，南北方农村大多数已基本实现了以细粮为主食，玉米、甘薯等粗粮的消费量已很小。在一些经济发达地区的农村，这些粗粮甚至已成为饲料用粮。肉类的消费从偏重于白肉转为偏重于红肉。肉类、家禽、蛋类等副食品的消费从节日消费型转为经常消费型（当然还不是日常消费型），消费量进一步增长。蔬菜的消费也有变化。如山东农村一带，过去冬天除了萝卜、白菜，就是以盐腌咸菜下饭。到20世纪80年代末，由于大棚蔬菜的推广，农村开始同城市一样，冬天也可以吃到各种新鲜蔬菜。咸菜虽然还没有退出农民的饭桌，但消费量已明显减少。以上这些变化，在一定程度上反映了20世纪80年代农民生活水平的提高。

（三）居住习俗的变化

首先表现为居住条件的改善。由于农村经济发展带来的农民收入的增加，20世纪80年代以来，在中国农村形成了一股翻盖新房的热潮。在房屋的用料上,原来是以土坯、木料为主,20世纪80年代的新盖房屋则开始以砖瓦、水泥为主要原料。在住房的样式上,一改原来的传统模式,呈现出多样化的特点。在北方农村,新盖房多为脊顶的平房,20世纪80年代中期开始时兴平顶的平房,并开始有部分富裕农民盖起了二到三层的楼房,而且除考虑实用外也开始注重美观。南方农村的新盖房屋则以楼房居多,但房顶大多仍采用传统样式(这与南方多雨有一定关系)。在居住模式上,在改革开放以前,虽然农村家庭小型化的趋势一直在持续,但由于住房条件的限制,"农村的分家居住多数只是在原住居内划分若干小的单位"。到20世纪80年代,农村盖起新房后,一般多是老人仍住原来的旧房,而青壮年一辈住新房。老房多在村落中间,新房则多在村落边缘的交通方便地带。这种趋势一直持续至今,给农村的村落规划和家庭关系带来一定影响。其一,由于新建房屋多在村落边缘的交通方便处,尚可以统一规划,而村落中心原来随意修建、布局杂乱的旧房仍然保存,这种农村村落的"中空"现象,给农村今天的城镇化带来问题。在今天,许多农村地区的规划建设中,旧房拆迁是一个令村干部头痛的难题。这一难题的肇始,应该说就是20世纪80年代乡村的无规划建设。其二,它虽然给农村核心家庭趋势的发展提供了条件,但是由于家庭承包责任制的实行,农村家庭的生产职能在一定程度上有所恢复。1987年全国1%人口抽样调查资料显示,全国家庭户平均人数为4 173人,在农村则以5人以上的大家庭居多。家庭作为一个生产单位的存在,使"三代直系家庭比一对夫妇和未婚子女组成的核心家庭优越"。这种家庭模式,实际上既不同于传统的大家庭模式,也不同于标准的核心家庭模式。因为在这种家庭模式下,农村的老少两辈多数分开居住,但在生产、抚育后代等方面又仍然联系密切,将其称为边缘状态的核心家庭或向核心家庭的过渡可能比较合适。其三,它给农村家庭的养老带来一定问题。鉴于经济发展水平等种种条件的限制,中国传统的反哺式家庭养老模式在农村一直没有多大变化。直至今天,家庭养老仍是也必须是"中国养老模式的基石"。但农村这种老少分居的居住模式给农村的养老带来了不少问题。无论就这一点还是就中国人传统的家庭情结来说,核心家庭模式未必是中国农村最理想的家庭模式。

(四) 出行习俗的变化

在改革开放以前,农村传统的交通工具如人力车、畜拉车等仍是农民短途出行常用的交通工具。在20世纪80年代,自行车、三轮车、拖拉机等成为农民短途出行常用的交通工具,尤其是自行车的数量在当时的中国农村有很大增长。1978年,中国农村每百户家庭拥有自行车3 017辆;1985年急增到8 016辆;到80年代末,中国农村家庭基本上达到了每户至少拥有一辆自行车。而长途交通工具,如汽车、火车、轮船甚至飞机等现代交通工具,随着农村经济的发展,已不是城市人的专利。农民的出行观念在20世纪80年代也有变化。在此之前,农民的短途出行多为走亲访友、逛集市,不是万不得已一般很少做长途出行。到20世纪80年代,这种情况发生了很大的变化,外出打工、经商甚至旅游、出国等都成为农民的出行目的。反过来,这些出行又给出行者本人和当地农民带来了生活和观念上的许多变化,成为农村社会风俗在各方面进一步变迁的驱动力。

二、我国乡村礼仪习俗和民间信仰的变迁

从20世纪初至21世纪初,中国走过了不平凡的历程。这一百多年里,人们的社会生活礼仪习俗、民间信仰发生了极大的变化。改革开放以后,由于与世界的联系愈加紧密,我国逐

渐又跟上国际的潮流。这些变化就在人们身边，并不断被我们感受着。

(一) 礼仪习俗的变化

在交往习俗上，一方面，以血缘和邻里关系为纽带的传统交往习俗继续存在；另一方面，交往的范围在地理空间和社会空间上都有所扩大。在地理空间上，有的跨县出省甚至出国；在社会空间上，开始打破同一社会地位、经济水平之间的交往界限，如与外资或全民联营、与科研或高校挂钩等。新的交往方式如电话、展销会等在一些经济发达地区的农村也开始占有一席之地。交往纽带在注重血缘和邻里关系的基础上开始注重多种社会媒介关系，如朋友、同学、同行等。在称谓方面也有变化，如以前农村对父母的称谓各地就不一样，对父亲有"爹""爷""大"等称谓，对母亲则有"娘""妈妈"等称谓。这些称谓都具有地方特色；在20世纪80年代逐渐统一为称父亲"爸爸"，称母亲"妈妈"。对于其他交往上所用的称谓，农村基本上仍取传统的家族、亲属称谓。正式的"同志"或官职称谓在村民之间很少用。"老板""小姐"等新称谓在当时的农村多带有一种戏谑的色彩，朴实无华。这或许一直是乡村礼仪的本色。在婚丧礼仪方面，对于农村的传统婚嫁风俗，就汉族来说，主要分为聘媒求婚、送礼订婚和娶亲出嫁三个方面。到20世纪80年代，在一些文化发达、交通便利、受城市直接影响的农村，自由婚恋已成为婚嫁中的主流。20世纪80年代也是移风易俗搞得较好的时期。许多农村的年轻人简化烦琐的传统结婚礼仪，响应政府的倡议，实行婚事新办，给当时的中国农村带来了一种新气象。不过，送礼、迎亲、婚宴、闹房等传统风俗在大多数农村还是继续存在，这些具有传统特色的礼仪倒也无可非议。关键是一些带有封建迷信色彩的婚嫁礼仪在农村不少地区有所回升，尤其是婚姻消费上大操大办、铺张浪费的现象，在20世纪80年代初期开始出现，并不断发展，至今未绝。这一方面是农村经济发展、农民富起来的表现，另一方面也是在婚姻消费上的一种错误观念的反映。

农村传统的丧葬礼俗也比较繁杂，主要包括报丧、设灵堂、斋事和出殡入葬。新中国成立后，特别是20世纪60年代以后，大部分农村的丧葬礼俗发生了很大的变化，"看风水""设道场"基本上不再存在，一些靠近城市的乡镇开始实行火葬。在20世纪80年代，政府继续提倡移风易俗。1981年12月，民政部提出进行殡葬改革，大力提倡节俭办丧事和进行火葬，使农村的丧葬礼俗发生了一定变化。农村就基本上实现了死者火葬。但与此同时，一些传统的丧葬礼俗却开始重现。以北方农村为例，死者葬礼期间要请乐。过去是唢呐等传统乐器，20世纪80年代的变化是加上了录音机和麦克风。过去给死者扎纸牛、纸马等陪葬，20世纪80年代的变化是加上了各种家用电器。国家提倡火葬的目的之一是节约耕地。在北方农村，死者火葬后仍要入棺下葬，根本就达不到节约耕地的目的。在南方农村，由于山地较多，火葬政策直至今天仍未普遍推行。以上情况说明，中国农村丧葬礼俗方面的改革，确实存在一定困难。

(二) 民间信仰的变化

民间信仰是一个正宗宗教信仰和俗化的宗教信仰的杂糅。我国从1949年开始，一方面，提倡宗教信仰自由；另一方面，大力宣传破除封建迷信。尽管新时期以前，在实践上，这两方面都曾经失之偏颇，但它们在理论上的合理性是应该肯定的，因此这些政策在20世纪80年代得以继续。最可肯定的一点是此期政府开始切实注意划清宗教信仰和政治问题的界限，关于宗教信仰的政策逐渐褪去了"阶级斗争"化的色彩。这就为20世纪80年代民间信仰的回潮提供了可能的氛围。在中国农村，活动较多的主要是佛教和基督教。在南方农村，信佛的人较多，较大的村庄几乎都有佛堂，而这些佛堂的修缮大多是在20世纪80年代中后期开始的。南方各地大量的寺庙留存、保护与修缮，确非北方可比。在北方农村，主要是俗化的宗教信仰开始恢复，如春节祭灶、请财神、重修土地庙等。北方农村还出现了一个新现象，就是信仰基督教的越来越多。总的来看，南、北方农村民间信仰的开始回潮都发生在20世纪80年代。虽然这一时期的信仰活动在逐步公开化，但新中国成立以前那种有组织的集体祭祀活动基本上没有，多是进行一些个体（主要以个人或家庭为单位）的、非制度化的信仰活动。由于农村社会的日益多元化，民间信仰的恢复空间是有限的，不会成为农村社会信仰的主导力量。关于农村民间信仰回潮的原因，除了政府合理的政策调适外，改革开放后的经济发展也提供了一定的物质基础。从更深层次上说，新中国成立初期的民间信仰改造主要触及物质和制度层面，而对观念层面的改造则失于肤浅。因此，20世纪80年代农村民间信仰的回潮应该说只是从人为控制重新恢复到正常变迁的轨道，并非仅是简单指责的对象。就民间信仰本身而言，其内容和作用也不能简单否定；剔除民间信仰中的迷信因素，也并非单独的人为力量所能为。新中国成立初期的民间信仰改造的结局已证明了这一点。

三、新时期乡村习俗变化的主要特点

在新的时期，乡村习俗发生了历史性的巨大变迁，表现出了时代性、多元化与复杂性等鲜明特点。张国民在《新时期农村习俗变迁浅议》中，概括为以下方面。

时代的进步性与创新性。乡村习俗变化的主要特点首先表现在村民思想观念的进步性。无论是对党的农村方针政策的思想认识上，还是看问题的思维方式上，基本上使用现代的眼光与标准看待事物。其次是行为方式的时兴性。尤其是礼节性、交往性、表演性、展示性的新习俗在内容与形式上,都注入了时代的元素。在消费习惯上也发生了变化,即在服饰、饮食、居住和出行4个方面反映出了时代的特点。再次是适应农村的创新性。在农村出现许多新的现象,如节日里父母随子女进城过节或外出旅游等。这都是村民根据时代创新的新习俗。

鲜明的丰富性与多样性。乡村习俗已不是单一的乡土文化,而是趋向多元化,呈现出了内容的丰富性与形式的多样性。乡村文化与城市文化交融。乡下人有乡下人的规矩,乡土气息浓厚,但在新时期,乡下人往往更倾向于跟着城里人走,同时城市文化通过各种渠道带到了农村。这样就使农村人的生活习惯、行为方式、礼仪往来、婚嫁仪式等发生了很大的变迁,有些方面与城市人趋向一致。在千百年的历史发展中,形成了一些较为固定的习俗习惯。有许多还相传至今,如春节的贴春联、贴窗花和倒贴"福"字、贴年画、守岁、放爆竹、拜年等,但在这些传统的节日里,无论是内容还是形式都已融入了现代的清新时尚文化。乡村习俗"五里不同风,十里不同俗",具有鲜明的地方特色与纯朴的自然风格。

复杂的冲突性与转变性。乡村习俗形成历史的悠久性与形成环境的地域性,具有浓厚乡村色彩的独特性。而具有悠久传统的乡村习俗,总体随时代而发展,呈现着文明与进步,但这样原生态的习俗中,往往带有一定的陋习甚至是恶习,造成了很大的铺张浪费。乡村习俗具有浓厚的乡村历史文化根基。在新时期,一方面,出现了移风易俗、新事新办的可喜进步;另一方面,出现了复古的现象。民风淳朴、淡化功利一直是乡村习俗的亮点与特点,但在新时期,原本为非功利性的乡村习俗中增加了很多的功利性。如婚嫁殡葬等事宜,原本为邻居相互帮忙,而演变为雇佣服务关系(专业服务队来完成)。农忙季节或修改房屋，原本也是邻居相互帮助，而现在演变为打工。这样使相互帮助的关系转变为雇佣关系，情义关系转变为利益关系。

第三节 乡村习俗的继承与发扬

乡村习俗原本属于农耕文化，它具有极大的包容性、开放性、融合性，它能够对各种文化兼容并蓄而保持自身独有的特色。乡村习俗作为文化现象，是农村社会存在、经济基础以及经济关系的反映。乡村文化的衰落已经成为当前农村人的普遍问题。继承乡村传统文化就应该找到传统文化的根，从而打造农村精神家园。

一、寻找乡村传统文化的根

乡村传统文化的根即具有浓郁气息的乡村传统文化。既有传统的以民间节日、宗教仪式、戏曲为中心的地方文化生活，也包括曾经相当活跃的、与集体生产相伴随的农村公共生活形式，更有农村日常生活形态和农村独到的文化精神内涵。这是农村人曾经的精神支柱，是心灵家园。而如今，这些乡村传统文化在慢慢流失。对于年轻一代农村人来说，乡村传统文化的缺失，让其无法对乡村文化产生亲和力、归依感。他们生命存在的根基就极易发生动摇，成了在文化精神上无根的存在。对于农村来说，生态环境的恶化、家庭邻里关系的淡漠和紧张、社会安全感的丧失，使乡村生活已逐渐失去了自己独到的文化精神内涵。农村人已经深入社会的每一个角落。如果这个群体的文化以及精神发生了偏差，整个社会也会发生文化以及精神偏差。因此，一方面，要以继承和发扬传统文化为契机，重塑乡村文化。政府要带头弘扬和保护乡村传统文化，传统的节日要发扬光大。尤其是在解决留守家庭子女和老人问题时，要给予他们更多的关照。唤起村民对传统风俗文化的记忆，丰富村民的业余生活，拉近村民之间的亲密关系，营造良好的乡间伦理氛围，找回朴实的幸存文化。另一方面，要以改善和发展乡村教育为抓手，沉淀乡村文化。基层政府要加强乡村的基础教育，加大对乡村教育的扶持力度，提升乡村教育水平。各级政府还要采取切实行动解决农民工子女求学问题，最大限度地消除不公平待遇。要加强乡村的公民教育，促进道德修养和文明意识的提高，帮助农村人摆脱"被利益化"的意识形态而重回和睦淳朴的乡村文化生活。只有真正让农村人找到失根缘由，寻找到属于自己的传统文化之根，才能不断发扬乡村传统文化，重塑农村精神家园。

二、与时俱进，促进文化的现代化

在不同历史阶段上的民俗也会共存，其中既有繁华的都市民俗，也有古朴的乡村民俗，还有部分地区不同程度地保持着原始的民俗生活形态。很多民俗反映了百姓送走往日穷苦、迎接美好新生活的传统心理，其本身的出发点无疑是好的，但是在不同的时间、不同的地点，其产生的影响是完全不同的，因此这也需要在解读民俗的时候，应该与时俱进。现时代，乡村习俗已不是封闭的体系，而是在现代文明的影响下注入了现代的元素，尤其是现代文化的传播几乎没有了国界与城乡的壁垒。在这样的时代背景与村民心理的相互作用下，都市文化不断地传入农村，使乡村习俗由传统型向现代型转变。农村改革的深化，带动了乡村习俗的巨大转变。农民富裕了，他们有能力提高自身与家庭的文化素养了，其思想观念、思维方式以及行为方式变了。这一切都带动了乡村习俗的变迁。总的来看，经济越发展，农民越富裕，乡村习俗的变迁就越大。在改革开放的伟大进程中，广大的乡村民众受到党在农村的宣传教育以及各个方面的影响，思想观念逐渐发生了深刻的转化，乡村习俗也随之发生了变化。村民消费观念的转变、婚姻家庭观念的转变以及开放意识与商品交换意识的确立，使乡村习俗呈现出了新思想、新理念与新文化。由于自然环境与人文环境的差别，民俗常常会呈现出错综复杂的特点。要想全面而准确地把握一般民俗所具有的全部特征，事实上是很难的。现在，许多人对于民俗是"想爱又不知如何去爱"。只有让那些精致的乡风文化传承和保留，并有选择性地继承，才能使得我们的生活更加丰富多彩。

三、对乡村习俗积极引导

正确引导乡村的乡风文化和民间艺术，剔除那些风俗、仪式、艺术样式中不健康的东西，把蕴涵新内容、健康、美好的文化信息注入其中。只有对具有新内容、健康、美好的文化信息和文化生活方式进行继承和发扬，培养农村文艺人才，兴建基础文化设施，成立演出队伍，举办农民自己参与其中的文艺活动，才能最终使文化细水长流、生根发芽、开花结果。

加强对乡村新习俗的引导，最根本的在于加强党对农村工作的领导。要想让先进健康的文化在乡村扎根，除了要加强组织引导，调动国家、集体、个人及各方面的积极性，更应该大力培养乡村文化骨干，加强对乡村文化市场的培育和管理，加大清除"文化垃圾"的力度，开展"以文养文"，多渠道增加文化投入，鼓励、激发乡村本土文化的自力更生和发展繁荣。在教育农民、促进农业发展的重要方面，必须在农村加强党的领导，加强党对乡村文化的领导，使乡村习俗沿着文明健康的社会主义方向发展。这就要把乡村文化的发展与习俗变迁纳入党的重要议程之中，规划乡村文化的发展目标，引领乡村习俗的变迁趋向。首先是要尊重乡村社会的特点，区别对待乡村习俗的不同作用与影响，但对于关系到村风民俗发展的方向性问题，要始终把握之、引导之。实践证明，新中国成立以来，尤其是改革开放以来，乡村习俗之所以发生了巨大的变化，是与党在农村开展宣传教育工作分不开的。没有教育就没有新习俗的形成。要通过宣传教育，进一步使农民明确党在农村的各项方针政策，特别是建设经济发展、生活富裕、村风文明、村舍整洁、管理民主的新农村的大政方针与各项举措，提高新认识，明确新目标，形成新观念，确立新思想，养成新习惯，建立新关系，使农村优良的传统习俗继续得到弘扬，负面影响逐渐受到消除，使新的乡村习俗逐步地树立起来。

第四章　形成优良家风

家,是世间上最温暖的地方。如果说亲情是维系一个家庭的灵魂,那么家风就代表着一个家庭的影响力和美誉度。家风是中华民族传统美德的现代传承,我们中华民族 5 000 多年的灿烂文化孕育出了许多优良的家风传统,并且一直延续至今。优良的家风是人们立身做人的行为准则,也是社会和谐的基础。好家风能培育出好儿女,好家风令家庭生活更加幸福美满,好家风能使家业兴旺、普泽后世。

第一节　家风是家庭最宝贵的精神财富

简单地说,家风就是一个家庭或者家族的风气,也有人叫"门风"。家风是一个家族代代相传沿袭下来的体现家族成员整体情况的基本风气。具体来说,家风一般包括如下内容:家庭成员为人处世的态度、行为准则、精神风貌、道德品质、审美格调和价值观,等等。

也就是说,家风是由家庭成员的处事态度、日常行为和精神品性等因素营造的,存在于家庭的日常生活之中,表现在家庭成员处理日常生活各种关系的态度和行为当中。一个家族的"家风"往往体现在有德望的祖先定下的"家训、家规"中,这些"家训、家规"其实就是人们常说的"家教"。无形的"家风"必须依赖有形的"家教"而得以流传并发扬光大。

习近平同志在党的第十八届中央纪律检查委员会第六次全

体会议上,着重强调了家风的重要性。习近平指出:"家庭是社会的基本细胞,是人生的第一所学校。不论时代发生多大变化,不论生活格局发生多大变化,我们都要重视家庭建设,注重家庭、注重家教、注重家风。""在培育良好家风方面,老一辈革命家为我们做出了榜样。"2001年10月15日,习近平在写给父亲的祝寿信中说:"自我呱呱落地以来,已随父母相伴四十八年,对父母的认知也和对父母的感情一样,久而弥深,从父亲这里继承和吸取的高尚品质很多。父亲的节俭几近苛刻。家教的严格,也是众所周知的。我们从小就是在父亲的这种教育下,养成勤俭持家习惯的。这样的好家风应世代相传。"这些家规严、家风正的佳话,既彰显了老一辈无产阶级革命家特有的风骨,也为我们普通百姓树立了榜样。

作为普通百姓,我们也许不需要像这些伟人那样提出明确的家规、家训,但我们可以像马应花和刘德军夫妇那样,在日常生活当中,通过自己的言传身教给子女做出榜样。俗话说,榜样的力量是无穷的,有孝顺、善良、正直的父母,才有孝顺、善良、正直的子女,所有子女的问题都是父母教育的问题。一家人生活在一起,如果能够做到长幼有序、和谐相处、互敬互爱、亲密无间,就会让家庭生活沉浸在轻松、愉快、温暖的环境中,孩子也会在潜移默化中健康成长,优良的家风将得以传承和延续。

第二节 好家风是正能量的源头

家风与社会之风是息息相关的。家风纯,则民风正;民风正,则家国安;家国安,则万事兴。家,可以说是整个社会的最基本单位,但就是这一个又一个并不起眼的小家,关系着整个大国大家的安定。自古以来,家就被视为一种文化,它是影响家庭成员一生的精神文化。

每个家庭都是一个独立的小社会,大社会的和谐与正能量的获取,都需要每个家庭的贡献。因此,生活中的我们不要忽视和轻视自己家庭的力量,从家庭内部入手,从树立好家风开始,激活自己的人生正能量,让这些能量与家风形成互动,从而让家风真正成为人生正能量的源头,影响一个家庭所有成员共有的生活习惯、思维方式及言行举止,同时,也培养了家庭成员的品格、文化素养和道德情操。

"家是小社会,大社会则是千万家"。一个个家庭的家风影响着整个社会的风气,因此,家风不可小觑,家风的作用并不是无关痛痒的,它甚至关系到一个国家的生死存亡。在古代中国有"孟母三迁"的故事。讲述的是大思想家孟子年少时的故事,当时,孟子的家住在坟墓的附近。因此,少时的孟子经常喜欢学别人办丧事玩。这一情景被孟母见到,她认为,这个地方不适合居住。于是就带着孟子搬迁到市场附近居住下来。可是,受商人的影响,孟子又学商人做买卖的事情。这让孟母再次感叹此处不适合居住。于是又搬迁到书院旁边住下来。孟子以进退朝堂的规矩作为自己的游戏。此时,孟母说:"这正是适合安顿我儿子的地方。"于是就定居下来了。

"孟母三迁"的故事就这样流传了下来。这个故事告诉我们,良好的人文环境对人类的成长和生活是十分重要的。尤其是现代人,在物质生活得到满足的同时,应将目光定位于更高品位的精神世界。只是现代人的生活范围很广,生活环境也更为复杂,且人与人之间的联系更加密切。就算我们想找一处适合居住的世外桃源,怕是也无法达成心愿。因此,只有整个社会的环境发生根本性的改变,我们才能活得更加幸福,更有安全感。而家风正是改变整个社会环境的根本。从小家做起,影响大家,最终提升整个社会的风气,让每个生活其中的人都能

第四章 形成优良家风

够自觉维护良好的社会风气，同时，也能够进行自我的管理，从而在整个大社会中形成一种良性循环。

遗憾的是，现代人忘记了家风的正能量作用。每个人的心中只有自我，而不顾及他人，结果，不但破坏了人与人之间的和谐关系，还让整个社会的风气从温暖变成寒冷。正常而言，摔倒在路边的老人扶不扶，这个问题理应不需要犹豫，但扶起来后曾被讹诈的例子就发生在身边，虽然只是极小一部分的行为，但谁能保证这样的倒霉事不会降临到自己的头上呢？于是，人们情愿在身边有人摔倒时让眼睛暂时失去作用，对发生在别人身上的不幸视而不见。这是谁的悲哀，只是摔倒之人的悲哀吗？并不是，而是整个社会的悲哀，人们的不敢扶，只能说明了一些人彼此不信任，相互之间的欺骗，相互之间的尔虞我诈，而这是社会道德的沦丧，造成这种现象与社会风气不无关系，与家风不无关系。

好的家风是社会正能量的源头，也是人生正能量的源头，如果一个人想要堂堂正正，活得心灵不受束缚，就要有良好的道德做基础。家风不仅关系到一个家庭的幸福，更关系到整个社会风气的变化，好家风的存在对国家的安定繁荣至关重要。在《礼记·大学》中有这样的叙述：古之欲明明德于天下者，先治其国；欲治其国者，先齐其家；欲齐其家者，先修其身；欲修其身者，先正其心；欲正其心者，先诚其意；欲诚其意者，先致其知，致知在格物。物格而后知至，知至而后意诚，意诚而后心正，心正而后身修，身修而后家齐，家齐而后国治，国治而后天下平。从这些文字当中，我们读出了修身、齐家、治国、平天下之间的关系，而其中"修身""齐家"都是对家风的反映。这就是先扫己屋，才扫天下的道理之所在。

那么，家风究竟是什么呢？答案是仁者见仁智者见智，一般而言家风基本上可以粗分为两大类：一类是传播非正能量的家风，另一类是传播正能量的家风。当然，非正能量的家风不用刻意去树立，它的存在本身就是与社会的发展相矛盾的，是应该被剔除的社会糟粕。

正能量的家风对家庭、对社会都是具有促进意义的。它的存在和建设需要过程，需要长期的理智和信念的付出，更需要家庭成员时刻注重自己的言行，即使生活得并不十分如意，也不要以粗暴的方式释放心理压力，否则家风就只能是一时的摆设，无法对家庭及成员产生影响和作用。

在现代社会当中，我们之所以重新提倡好家风、正能量这个概念，是因为当今社会一些好的家风正渐渐地远离我们的生活，社会道德的力量渐渐变弱，整个社会风气急速退化。因此，我们需要重建那些被丢失的好家风。当然，每个家庭的家风都是不尽相同的。这就像每个人的人生一样，只有不同，才能更精彩。中国人对家是十分注重的。每个家庭都有自己的优良文化，我们可以从这些文化当中汲取积极内容作为家风进行传承，让家风释放出新能量，并通过言传身教，让家风在家庭成员中形成价值共识，代代相传。

传递家风的正能量，不是某个人的责任，而是每个人的责任，只有勇于面对这样的责任，我们的家风文化才能重新绽放光芒。

第三节 优良家风代代传

自古以来，我国的文人都非常看中家风。古代的"家风"一般包括以下一些关键词：家国天下、耕读传家、积德行善、仁孝清廉等。扬州"个园"有两副楹联："传家无别法，非耕即读；裕后有良图，唯俭与勤""几百年人家无非积善，第一等好事只是读书"。"耕读传家"是中国农村家庭最高的家庭追求，以"耕为根本、读为提升"为基本内容的"耕读文化"是古代农村家庭日常生活的最高境界。生活在乡村的人们为了鼓励子弟们读书，实行了各种劝奖的措施，这些措施对优良家风的形成起到了有力的推动作用。如今，"家风"已经非常具体化了，体现在家庭日常生活的方方面面。

【案例】

尊老爱幼，构筑温馨家庭

安徽省滁州市曲亭村陈世荣一家，是当地公认的模范之家。全家温馨和睦，诚实守信，尊老爱幼，勤俭持家，与邻里团结融洽，以"尊重、礼貌、和睦、温馨"的形象带动着周边的家庭共同建立和谐美好的人居环境。

今年58岁的陈世荣是一位乡村教师，夫妻二人相敬如宾，恩爱有加，即使生活中有小的摩擦，也用对对方的关心和爱来化解。他的家庭成员有三位是年过八旬的老人，包括父母和岳母。三位老人都患有慢性病，完全丧失了劳动能力，生活不能自理。陈老师夫妻俩悉心照料三位老人，尽量满足老人的要求，让老人快乐。全家人不仅在物质生活上关心，给老人买衣服和礼物，更从精神上关爱他们，经常陪他们散步、聊天。陈老师的父亲其实是他的继父，已84岁高龄，患有肺心病，天气一旦转凉，还要输液治疗，经常要到滁州二院医治。为父亲看病的开销巨大，当父亲看到陈老师为了支撑这个家庭而忙于生计时，主动要求放弃治疗，不愿去滁州。每当这个时候，陈老师总是耐心劝导，即使借钱也要为父亲治病。陈老师84岁的母亲患有严重的腰椎间盘突出，平时直不起腰，同时还患有严重的老年病，陈老师到滁州第一件事就是到药房给老人买一些筋骨方面和抗风湿的药。陈老师的岳母也80多岁了，患有老年痴呆症，生活不能自理，睡觉时不知道脱衣、脱鞋，起床时不会穿衣，大小便也不能控制。但陈老师从来没有怨言，从不对老人发脾气，而是默默地给老人换衣服，帮她洗脸、梳头、擦背、剪指甲、洗弄脏的衣裤。邻居们都说这个女婿比儿子还要亲。陈老师的老伴看到他在家庭、学校、农田来回奔波这么辛苦，每每暗自流下眼泪，同时也为能嫁给这样一个孝顺父母、吃苦耐劳的好人而感到自豪。

为了培养子女成长，他们夫妻俩重视对子女的世界观、人生观、价值观的思想教育，培养他们学做人，会做事，做对社会有贡献的人。陈老师不仅仅注重子女的学习成绩，更注重培养子女独立生活、学习的潜质，时时教育子女要正直善良、诚实守信，沿着正道走，鼓励子女刻苦学习。

陈老师有个女儿，十几年前就出嫁了。从小受到良好教育的她，到了婆家勤劳能干、孝顺父母，小日子过得红红火火。但是，天有不测风云，3年前女儿的丈夫因病去世，女儿和小外孙艰难度日。生活的压力，加上丈夫去世的悲伤，让陈老师的女儿患上了抑郁症，几次自杀未遂。陈老师夫妻俩含着眼泪把女儿接回家。看着三位年迈病弱的父母、女儿忧郁的眼神、小外孙稚嫩的小脸儿，陈老师再也抑制不住内心的痛楚，抱着小外孙号啕大哭起来。面对困境，陈老师夫妇没有倒下，没有放弃，而是以积极的态度去应对。在陈老师夫妻俩的关心爱护下，女儿的病情逐渐好转，情绪也稳定了很多。

陈老师在学校里是一名优秀的数学老师。他几十年如一日扎根在山区，敬业爱岗，对学生就像自己的孩子一样去关爱，主动资助家庭贫困的学生，深受学生们的爱戴。作为一名老师，他最大的心愿就是让每个学生都成才、成人。虽然陈老师家的状况特殊，但他从不把工作中的压力带回家，也从不把生活中的烦恼带进课堂，总是以乐观的态度对待生活、对待学生。

陈老师的家庭虽然不富裕，但陈老师的孝顺、爱心、善良、正直和坚强感动着周围的每一个人。陈老师夫妇用全身心的爱去照顾老人、呵护子女、帮助他人，给家庭营造了温馨和睦的氛围，使每一个人家庭成员都感到了家的无比温暖和幸福。

一、尊老爱幼、家庭和睦

中国有句古话"百善孝为先"。意思是说，孝敬父母长辈是做人的第一美德。一个人如果连自己的父母都不孝敬，很难想象他会善待周围的其他人。古代就有花木兰替父从军、黄香为父暖被等孝敬长辈的故事，尊敬老人是中华民族的优良传统，也是一种感恩的心态。每个人都是父母生命的延续，回报父母的恩德是子女应怀有的感恩之心。"孝顺"是能够"遗传"的，人的所作所为都会给自己带来相应的结果。一个人如果对自己的父母不孝顺，将来他的后代多半也不会孝敬他，生活当中这样的例子不胜枚举。

孩子是祖国的花朵，是未来的希望。爱护孩子，将孩子抚养长大，让他们能健康、快乐、幸福地成长，对孩子的未来负责，尽己所能让他们接受良好的教育，是每个成年人义不容辞的责任。互敬互爱、宽容理解、沟通良好的丈夫和妻子能够共同创造美满和睦的家庭氛围，这样的家庭不仅能为孩子的成长提供一个健康、温馨的环境，更能让家中的每个人都感到无比幸福和愉悦。就像上述"家风故事一"中讲述的，陈老师夫妻恩爱、孝敬老人、关爱子女、热心助人、邻里和睦，用生活工作中平凡的小事、点点滴滴的真情诠释了家作为爱的港湾的真谛，赢得了周围人们的赞誉。

【案例】

太祖母的训斥

浙江省盘安县的莹莹一家是个四世同堂的大家庭，家教很严。莹莹的太祖母是一位治家严谨的老人，虽然已经80多岁了，但在家中依然很有威严。莹莹的父亲一度迷上了麻将赌博，经常出去玩到很晚才回家。太祖母知道后很生气，有一天晚上坐在家门口等父亲回家，一直等到深夜。父亲到家时发现太祖母还在大门口等他，着实吃了一惊。太祖母严厉地批评了父亲，并要求父亲承诺今后不再赌博，否则不让进家门，父亲当时也应允了。但时隔不久，父亲到朋友家吃晚饭，经不住朋友劝说又玩起了麻将赌博。太祖母得知后，拄着拐杖，颠着小脚，怒气冲冲地闯进父亲朋友家中，二话不说，将麻将牌用布袋一股脑地裹了起来，背起布袋转身就出了门。父亲不敢说话，又怕天黑太祖母出事，只能跟在太祖母的身后。只见太祖母背着布袋来到河边，沿着河堤一边走一边往河里撒麻将子，将所有的麻将子全部撒进河里。"你自己说过又做不到，那我帮你做到，这些麻将子我让你找都找不回来，看你以后还怎么玩！"太祖母撂下这句话后，坚决不让父亲扶，拄着拐杖拖着苍老疲惫的身躯自顾自地走了。从此以后，莹莹的父亲再也没有碰过麻将。

二、正直善良、诚实守信

雨果说，人世间最珍贵的品质就是善良。只有正直善良的人，才是离幸福最近的人。有一次朋友到海边旅游，一场暴雨刚过，成千上万条鱼被卷到海滩上。一个小男孩在海边不厌其烦地捡着鱼，每捡到一条便把它送回大海。一位好心的爷爷来到他的身边，对他说："小朋友，你一天也捡不了几条。"小男孩一边捡着一边说道："起码我捡到的鱼都获得了新的生命啊！"一时间老爷爷为之语塞。小男孩的父母在不远处笑盈盈地看着他。周围的人都被小男孩的话语感动了，很多人开始和他一起捡着鱼送回大海。在一个家风良好的家庭里，家庭的长辈必定是正直善良、诚实守信的人，因为这些美好的道德情操是一个人立身处世的根本，也是家风的内在核心。在这样的家庭里长大的孩子，受到家庭长辈潜移默化的言传身教和积极健康的精神影响，慢慢地会将这些价值观念和做人的方式内化到自己的日常行为和为人处世当中，同时也不断地影响着周围的其他人。就像这个小男孩一样，看似生活当中一件很不起眼的小事，却可以想象长大后的小男孩也会是一个正直善良愿意帮助他人的人。

诚实守信是一个人待人接物的名片，讲信用的人会受到他人的尊重和爱戴，而违背诚信的人将被众人所唾弃。失信的人，通过投机取巧的手段可能会一时获得一些利益和好处，但早晚会被识破吃大亏。讲诚信是中华民族的传统美德，要使人养成诚信的良好品格，关键还要从小培养。就像"家风故事二"中讲述的，太祖母通过严格的家教让主人公的父亲领悟到，做人要"言必行，行必果"，不能失信于人，更不能违背自己的良心，要抵挡住外界的各种诱惑。

古代有一位国王要选择继承人，于是他发给每个孩子一粒花种，约好谁能种出最美丽的花就将被选为未来的国王。当选评的时间到来时，绝大多数孩子都端着美丽的鲜花前来参选，只有一个叫杨平的孩子端着空无一物的花盆前来，最后他却被选中了。这是什么原因呢？原来孩子们得到的花种都已经被蒸过，根本不会发芽。这次国王测试的目的不是为了发现最好的花匠，而是想看谁是最诚实的好孩子。这个故事告诉我们

"最大程度的诚实是最好的处世之道"。

三、尊重劳动、尊重知识

我国自古以来就有崇尚农耕文明、尊重读书人的传统,其实这也是古代的知识分子崇尚的"耕读文化",即以半耕半读的状态作为一种生活的方式。例如,清代的杨秀元早年曾在乡里执教,40岁后回归耕种,主张耕读并重,过半耕半读的生活。同是清代的杨双山,幼年读私塾,青年时对八股文和科举没有兴趣,开始读农业、医学等注重实用的书籍,认为"耕桑为治世首务",他在关中试种棉花,提供蚕桑。他建立的养素园,既是他耕作和进行农业试验的场所,又是他读书、教书、著书的地方,他的后半生就在养素园里过着耕读的生活。热爱耕读生活的人,必定是尊重劳动、尊重知识的人。劳动是创造一切幸福的源泉,劳动是神圣而神奇的,尤其是农业劳动,劳动能使人类的梦想变成现实,使生活变得更美好。农业劳动是人类与大自然交往的最亲密、最直接的方式,辛勤劳作能为人类源源不断地提供生活和生产资料,尊重农业劳动就是尊重生命。"一分耕耘,一分收获",只有付出艰辛的努力,才能收获丰硕的成果。

"知识是人类文明进步的阶梯",自古以来,我国就有重视知识的传统,还有很多脍炙人口的故事流传千古,例如大家都很熟悉的"凿壁偷光""悬梁刺股""囊萤映雪"等。西汉时候,有个农民的孩子叫匡衡,从小就特别热爱读书。白天他要到地里干活,就想利用晚上的时间读书。但因为家里穷,买不起点灯的油,匡衡只好躺在床上背白天读过的书。有一天晚上,匡衡背书的时候发现屋子东边的墙壁上透过来一线亮光,原来这是邻居家的灯光。匡衡兴奋极了,他用小刀把墙缝挖大了一些,使透过来的光亮更多一些。这样,他就凑着透进来的灯光读书。晋朝时候,有一个叫孙康的人,非常好学。因为家里穷买不起灯油,冬夜里他常常不顾天寒地冻,在户外借着白雪反射的光亮读书。当时还有个叫车胤的人,也因为太爱读书,但又买不起灯油,就在夏天的夜晚捉了许多萤火虫,装在纱袋里凭借萤火虫发出的光读书。后来,他们都成为了很有学问的人。

如今的生活不像古时候那么艰苦,如果每个家庭的成年人都重视学习、崇尚知识,以自己的言行熏陶子女,让家庭充满学习的氛围,那么后辈们也很容易养成一种自觉学习的良好习惯,这对于一个家庭来说是非常可贵的精神食粮。

四、勤俭持家、自食其力

勤俭节约是我们中华民族的传统美德,也是我国世代相传的精神财富和生生不息的力量源泉。将勤俭节约融入家庭生活,就是勤俭持家。我国民间有句脍炙人口的古诗句:谁知盘中餐,粒粒皆辛苦。然而,随着人们生活水平的提高,很多人不再把勤俭当回事儿,许多孩子的节约意识也令人担忧。例如,本子或铅笔用了一半就随意淘汰,用了一段时间就想换掉半新不旧的书包,"眼大肚皮小,吃不完就倒掉"的就餐习惯,等等。因此,树立正确的消费观念非常重要,把钱用在刀刃上,从家庭生活的一点一滴做起,包括节水、节电、节省煤气、节约粮食等。当然"勤"和"俭"一定要相辅相成,合则就将事倍功半。

譬如,有这样一则民间故事:从前,有一个叫吴成的农民,他一生勤俭持家,日子过得无忧无虑,十分美满。相传他临终前,曾把一块写有"勤俭"两字的横匾交给两个儿子,告诫他们说:"你们若想一辈子不受饥挨饿,就一定要照这两个字去做。"后来,兄弟俩分家时,将匾一锯两半,老大分得了一

"勤"字，老二分得一个"俭"字。老大把"勤"字恭恭敬敬高悬家中，每天"日出而作，日落而息"，年年五谷丰登。可他的妻子却大手大脚，孩子们常常将白白的馍馍吃了两口就扔掉，久而久之，家里没剩一点余粮。老二自从分得半块匾后，也把"俭"字当作"神谕"供放中堂，却把"勤"字忘到九霄云外。他疏于农事，又不肯精耕细作，每年所收获的粮食当然不多。尽管一家几口节衣缩食、省吃俭用，毕竟也是难以持久。这一年遇上大旱，老大、老二家中都早已是空空如也。他俩情急之下扯下字匾，将"勤""俭"二字踩碎在地。这时候，突然有纸条从窗外飘进屋内，兄弟俩连忙拾起一看，上面写道："只勤不俭，好比端个没底的碗，总也盛不满！""只俭不勤，坐吃山空，一定要受穷挨饿！"兄弟俩恍然大悟，"勤""俭"两字原来不能分家，相辅相成，缺一不可。吸取教训以后，他俩将"勤俭持家"四个大字贴在自家门上，提醒自己，告诫妻室儿女，身体力行，此后日子过得一天比一天好。这个故事告诉我们，勤俭持家、自食其力是中华民族悠久的传统家庭美德之一，我们要坚持发扬这一美德，让生活越来越美好。

五、孝敬父母

中国有句古语："百善孝为先。"孝敬父母一向位居中华美德的榜首。中华民族历经几千年的历史和文化发展，孝行一向是社会最提倡的，古人将孝视为一切德行的表率，甚至在普通人眼中最为无情的帝王之家，也将孝视为德行之首。每代的帝王都能在孝行方面做出表率。

古人对孝敬父母十分注重。即便是位高权重之人，也将孝放在首位。我们所熟知的包拯，也是以孝闻名之人。只是人们更关注包拯的铁面无私，而较少关注他对父母的孝行。

包拯是庐州合肥（今安徽合肥市）人，他的父亲包仪，曾任朝散大夫，死后被朝廷追封为刑部侍郎。包拯在少年时便以孝而闻名，并且他的性格正直而敦厚。在宋仁宗天圣五年，当时28岁的包拯中了进士，开始了他的仕途生涯。他曾先任大理寺评事，后来出任建昌（今江西永修）知县，只是他的父母年老不愿随他到他乡去，包拯理解父母的想法，于是他马上辞去了官职，回家照顾父母。这样的举动，令百官称颂。

在几年之后，包拯的父母相继过世，包拯才重新踏入仕途。在中国的古代，如果父母只有一个儿子，那么这个儿子不能扔下父母不管，只顾自己去外地做官。这是违背封建法律规定的。

包拯能够为父母辞官，说明孝在他心中占据第一位。他对父母的孝敬也让当今一些对父母不孝之人感到羞愧。

百善孝为先的美德，随着社会的发展理应更深入人心，但现在的人却只关注自己，对父母的关注越来越少。父母年纪越大，越容易感到寂寞，越希望自己的子女能够陪在身边，只是这样的愿望对现代人而言是十分奢侈的。多数人都忙于打拼自己的事业，自己的家都无法照顾全面，更何况是不在身边的父母呢？

其实，打拼事业过程中有些事情无法兼顾是可以理解的，但父母年纪大了，需要人陪，作为子女理应满足父母的要求，有事没事常回家看看，陪父母吃吃饭，聊聊天，让父母时常开心一下，这样的做法，就是孝的一种体现。只是现代人将孝与金钱联系在了一起，认为只要给钱，就无须再管任何事情了，这是对孝的一种误解。试想一下，当我们在年幼时，父母付出的不仅是金钱，还有时间和爱。而后两者是无法用金钱来衡量的，作为子女要拥有一颗感恩的心，用真心、用孝心去照顾自己的父母，让他们开心地度过晚年生活。

重树家风，就是要重新挖掘中华的德行之本。孝是传承了千年的美德，自然要在现代社会发挥其作用。在中华民族几千年发展历史当中，留下了无数孝敬父母的故事。"子路负米"的故事就是其中之一。

仲由是春秋时期鲁国人，字子路。他从小家境贫寒，但他从不抱怨，他知道父母已经尽可能地维持生计。因此，子路从未觉得苦，反而觉得自己很幸运，因为父母很爱他。同时，子路也为自己的父母感到担忧，他怕父母会因贫困的生活而影响身体健康。

当时，子路所居住的地方没有米出售，为了让父母吃到米，他需要步行百里，再背着米赶回家里，奉养双亲。百里的路程是十分遥远的，也许人们可以走上一两次，但却无法长久。而子路为了能让父母吃到米，不论寒风烈日，都不辞辛劳地跑到百里之外买米，再背回家。

子路负米的故事告诉我们：孝并不是一句口号，而是要付出的。现代人缺少的正是这种付出精神。孝行是一代传一代的，大人们的一言一行都影响着自己的孩子。还记得在电视上曾看到这样一则广告，妈妈为自己的母亲端水洗脚，这一幕被年幼的儿子看到，当妈妈回到房间后，儿子也端着一盆水来为自己的妈妈洗脚。这就是孝的传承。

如果今天我们因为工作繁忙而不愿意去时常看望父母，那么，几十年后的今天，我们将为自己的不孝行为付出代价，我们的子女也会用同样的方式来对待我们。如果到那时，我们才体会到孝的重要性则为时已晚。

人的一生可分为3部分，第一部分是读书时期，那时的人们内心是自由的。第二部分是组成家庭之后，人生的主要压力都集中在这一阶段，因为这时的人们上有老，下有小。第三部分是晚年生活，劳碌了大半生理应安养天年。可是子女不在身边，晚年的孤独感又强烈，多数老人都觉得生活不如意。不是源于物质上的贫穷，而是源于精神上的空虚。

其实，人生不过几十年。与父母相处的时间只会一天一天地减少。尤其在现代社会，我们与父母朝夕相处的时间也就十几年，上了大学，有些人甚至上了高中便离开了父母的身边，那时的我们已经长大，有了自己的朋友圈，有了自己的人际关系网，父母便退居到了幕后。但我们在长大之前，是得到父母细心照顾的，如果身为子女将这一点忘记了，那么，我们自然就会沦为不孝之人。

当今社会，有很多父母在晚年的时候孤独无依，他们虽然有子女，但却无法将子女留在身边，很多人被送进养老院，作为子女却很少过问和探望，令自己父母的晚年生活变得孤独，虽然衣食无缺，但精神世界却没有半分的依靠。

正是这样的现象越来越多，人们将常回家看看这句话便挂在了嘴边，孝敬父母的美德再次被有意地提起，目的只是让人们进行自省。良性的循环才能得到好的结果，否则，今天父母的孤独，就是我们晚年之后的写照。

六、勤奋好学

当今时代，是知识的时代。在中华民族几千年发展历史中，没有任何一个时期像今天这样强烈地需要知识的力量。人们对知识的渴求也达到了一个很高的峰值。可以说，在当今这个注重个性的年代，勤奋好学的家风是最容易被接受的。因为，人们能从每一天的生活中清楚地了解它的重要性。

梦想是一个人一生的追求。在人们的眼中，勤奋是梦想的催化剂，它帮助我们走向梦想，实现梦想。当然，知识无论在哪个年代，它的作用都是无法替代的。古人为了获得知识，可以付出一切。这就是精神，勤奋好学的精神。

匡衡小时家境贫寒，虽然他自己勤奋好学，但家中却没有蜡烛照明。邻家有灯烛，但光亮照不到他家，匡衡便想办法去借光亮——他把墙壁凿了一个洞，每日借着邻居的灯烛努力读书。而他的书也并非自己去买，因为他的家中没有钱为他买书。他在同乡大户人家文不识的家中做工，不要工钱，只希望能将他家的藏书都读一遍。文不识听后，深为感叹，就把书借给他读。于是匡衡成了大学问家。而他的故事也因此流传了下来，这就是著名的"凿壁借光"的故事。

可见，匡衡为了读书可谓绞尽脑汁。他贫寒的家境并没有让他丧失求知的欲望，正是这份执着与追求，他才能摆脱自己原有的命运，创造属于自己的世界。他的这种做法，在今天看来就是一种自由。

我们每个人都希望自己的人生由自己掌控，自己的理想与愿望能够实现。然而，所有的现实都需要我们的付出与努力，如果我们不愿意勤奋地学习，用知识去武装自己，那么，终有一天会产生书到用时方恨少的遗憾。

古时的苏秦就曾有过这样的经历。

苏秦本是洛阳人。洛阳是当时周天子的都城。正所谓近水楼台先得月，年少时的苏秦才疏而志高。他一心想有所作为，想求见周天子，但周天子并非普通人可以轻易见到的，在没有引见之路的情况下，苏秦觉得自己不得志，于是一气之下变卖了家产到别的国家找出路去了。

可是，那时的他根本是盲目的，且才能并不十分出众，这样的人自然无法出人头地。在外颠簸了好几年之后，苏秦没有达到目的，而变卖家产的钱也用光了。无奈之下，只好红着脸回到家中。家里人便看到了他一副落魄的样子——穿着草鞋，衣衫褴褛，挑副破担子。他的父母看到后，心疼之余，也很是生气，狠狠地骂了他一顿；而他妻子坐在织机上织帛，根本就没有理他。他感到饥肠辘辘，于是求嫂子给他做饭吃，嫂子不理他扭身走开了。这样的一幕让苏秦受了很大刺激，他告诉自己再也不能这样意气用事了，决心争一口气。

从此以后，苏秦像变了一个人，他开始从根本上充实自己，发愤读书，钻研兵法，天天到深夜。读书到很累很困时，他就用各种方法让自己清醒，以便继续读书。相传，他晚上念书的时候还把头发用带子系起来拴到房梁上，一打瞌睡，头向下栽，揪得头皮疼，他就清醒过来了。这就是"头悬梁"的由来。

当然，苏秦的勤奋读书也换来了成绩，只用了一年多的时间，他的知识就比以前更加丰富了。当时，战国七雄中，秦国仗着强盛不断发兵进攻邻国，占领不少地方。其他六国都很害怕，苏秦正是看到了这样的一幕，提出了"合纵抗秦"的主张，结果他成功了。六国诸侯订立了合纵的联盟。苏秦挂了六国的相印，成了显赫的人物。

勤奋好学，学到的不仅是知识，更是对时机的准确判断。现代人不缺少读书的机会，只缺少刻苦的精神。

世界著名数学家华罗庚曾说过："科学的灵感，绝不是坐等可以等来的。如果说，科学上的发现有什么偶然的机遇的话，那么这种'偶然的机遇'只能给那些学有素养的人，给那些善于独立思考的人，给那些具有锲而不舍的精神的人，而不会给懒汉。"如果我们没有锲而不舍追求知识的精神，那么，我们必将一生无所成。勤奋才是让我们梦想成真的罗马大道，只有勤奋才能完成人生的蜕变。

有些人总是喜欢抱怨，认为自己所有的不幸都源于家境的贫寒，其实，真正的知识是多方面的，书本的知识只是一部分，更多的知识来源于生活，来源于不同的人。

有一位青年，从小没有多少读书的机会，他认为正是这个原因，才让现在的自己无所成就。于是他每天活在抱怨当中。有一次，他遇到了一位老人，并向他讲述了自己的境遇。他以为老人会同情他，结果老人问他："我是一个平凡的老人，我所知道的你都懂吗？"这名青年感到奇怪，于是向老人请教，老人把自己所知道的事情全告诉了他，青年喜笑颜开，要拜老人为师，老人却笑着对他说："我知道的，现在你也知道了，如果你将每个人身上的知识都学会，你不比从一个名师那里学到的东西更多吗？"青年恍然大悟，原来自己所想的是错误的。从那以后，青年经常向身边的人，甚至过路人请教，果然大有进展，终于有所成就。

其实，这个故事可以归结为一句话，即孔子的"三人行，必有我师焉。择其善者而从之，其不善者而改之"。只是现在的人，为了所谓的面子问题，总是自视甚高，结果看见的全是他人的缺点，却看不见他人的优点。一叶障目的结果就是多少人同行，却无一人成我师。这对学习是不利的。

当然，勤奋学习是对一个人性格的磨炼，在学习中可以完善自我，塑造自我。古人将学习比作"书耕"，把写作比作"笔耕"，这样的比喻足以说明学习是一件辛苦的事情，不付出艰辛的努力，是不会有丰硕收获的。同时，学习更需要孜孜不倦。"学海无涯苦作舟"正是其真实的写照。

莎士比亚曾说过："书籍是全世界的营养品。生活里没有书籍，就好像没有阳光；智慧里没有书籍，就好像鸟儿没有翅膀。"只有勤奋学习，我们才能完成自己的梦想，让自己的生活变得更加幸福。

在诸多家风当中，勤奋学习的家风是现代人特别注重传承的，这与社会的竞争和压力有关。如果哪一天我们的学习是更主动，更加勤奋和快乐的，我们就能够享受书中自有颜如玉的人生了。

第四节　优良家风大有裨益

优良的家风不仅影响着一个人的道德水准和品行修养，还是一个社会良好道德的原动力。此外，优良的家风还可以超越一个家庭的限制，被大众共同运用，可以说有着创建社会共同文化的意义。

一、优良的家风能够使家族得以延续

"家风"对一个家族的传承有着至关重要的作用。学者鲍鹏山曾经说过，中国人安身立命之处不是天国，而是家国，家风乃吾国之民风。一个家族或家庭只有拥有了淳厚优良的家风，才能保证家族精神的延绵不断，才不会使一个家族走向分崩离析。一个有认同感和归属感的家族才具有内在的凝聚力。有人可能会认为家族财产是维系一个家族的关键因素，试想一下，如果一旦财产被瓜分掉，家族还会存在吗？一个家族里只有一种东西可以被家族中所有的成员共同分享，那就是让所有家族成员都引以为豪的"家风"。优良淳厚的"家风"是一个家族或家庭最核心的价值，并且，它不但不会随着时间的流逝而减少，反而会不断增值。山西祁县有一个乔家大院，乔家兴盛百年，六代不衰，据说靠的就是六条家规：不准纳妾、不准赌博、不准嫖娼、不准吸毒、不准虐仆、不准酗酒，乔家子孙基本上做到了，因而保持了家族的昌盛。

二、优良的家风使家庭成员幸福一生

"幸福的家庭都是相似的，不幸的家庭各有各的不幸。"每个家庭的"家风"虽然不尽相同，但是优良的家风基本都是相似的。一种积极、健康、正面、向上的"家风"，可以对家庭成员在个人修养、品德操守、处世方式等方面，产生重要而积极的影响。相反，如果一个家庭的"家风"不正的话，那么生活在这个家庭中的成员，其个人品行、道德操守就可能会出现问题。周围的人能够真实地感受到每个家庭拥有什么样的"家风",并且通过"家风"判定其家庭成员的基本个性特征。实际上,优良家风的意义绝对不仅仅局限于规范家庭成员的道德品行和个人操守,它还会协调家庭内部成员之间的关系,而这些都关系到家庭内部的和谐、团结与稳定。试想一下,在一个以谦逊礼让、互尊互爱、互帮互助、诚实守信、平等团结为基本"家风"的家庭中,其家庭成员之间必然能够友好、和谐、平等地相处,这个家庭一定是个充满爱和宽容的家庭,生活在这样家庭里的人必定也是幸福快乐的人。

三、优良的家风促进整个社会的和谐稳定

家风纯正,雨润万物;家风一破,污秽尽来。家风好,则族风好、民风好、国风好。每个社会的小家庭是构成大社会的基本细胞,如果一个家庭的"家风"优良健康,就会对其他社会成员产生积极的引导和示范作用,进而就会在潜移默化中达到提升整个社会道德水平的作用,整个社会风气也会变得非常良好。也就是说,如果每个家庭的"家风"都正,则社会风气自然会得到改善,也会相应的"正"起来。相反,如果小家庭的"家风"不正,则整个社会的风气就很难"正"得起来。在我国,许多家庭都有立家规家训的传统,许多法律管不了和别人不便管的事,用家规就迎刃而解。好家规带出好家风,好家风培育出好儿女,这种好家风带入社会,有利于形成良好的社会风尚,延续家兴业旺,普泽后世;创造和谐、文明、健康、富有的幸福家庭。优良的家风可以弥补法律功能上的不足,让每个家庭成员以道德观念约束自我,可以从源头上防范和遏制违法犯罪活动,从而促进整个社会的和谐与稳定。

第五章 新乡贤文化

新乡贤是在乡村中具有一定群众威信、有较强能力的人，他们拥有较高的公信力与话语权，对乡村群众具有广泛的号召力。美丽乡村建设的一个关键指标就是拥有和谐团结的乡风、淳朴向上的民风。而文明乡风的建设离不开新乡贤的贡献，可以说，扎根乡土、心怀乡民的新乡贤群体是文明乡风建设的引领者和助推器。

第一节 乡贤文化的概念

"乡贤"一词，文献中出现较迟，明代浙江嘉兴人沈德符在《万历野获编》的《果报》类中记有《戮子》的明代新闻："嘉靖末年，新郑故都御史高捷，有子不才，屡戒不悛，因手刃之。中丞殁后，其地公举乡贤。"足见乡贤是指乡里有德行有声望的人。与"乡贤"近义的词，在古文献中有：①"乡先生"，泛指乡里有声望、有德行的人。宋代欧阳修《章望之字序》："孝慈友悌，达于一乡，古所谓乡先生者，一乡之望也。"②"乡达"，一乡之贤达人士。清代李渔《风筝误·贺岁》："赖有乡达戚补臣，系先君同盟好友。"③"乡老""乡三老"。最初是基层地方官名，后转义为乡里受人尊重者。周代王置六乡，由三老掌教化，推举贤能，称为乡老。汉代每乡设三老一人，掌教化乡人，后世称乡三老为乡老。④"乡绅"，古称退职还乡家居的官员和在当地有声望的人。

通过以上梳理,可以看出,"乡贤"一词系指在民间基层本土本乡有德行有才能有声望而深为当地民众所尊重的人。因而"乡贤"有地域性的限制,有知名度的因素,有道德观、价值观的考评。地域性、知名度、道德观,这是构成"乡贤"的三个基本要素。

从当代乡贤研究的现实需求与观念出发,"乡贤"的范围已不再局限于道德与才能的层面,而扩展到"名人"尤其是"文化名人"。文化名人有狭义与广义之分。狭义的文化名人是指在文章、文教、文化等方面取得巨大成就,对历史有深远影响或在某一时代名闻遐迩的人;广义的文化名人,包括在所有人文、社会、科技界如政治、经济、军事、文化、科学、教育、文艺、卫生、体育等各个领域取得非凡业绩,具有全局性影响或在本领域占有一席之地的社会各界精英名流。

据上所述,我们可以给"乡贤文化"下这样一个定义:乡贤文化通常是县级基层地区研究本地历代名流时贤的德行贡献,用以弘文励教、建构和谐社会的文化理念与教化策略。

乡贤文化的内涵,"十三五"规划纲要"解释材料"中这样解释:"乡贤文化是中华传统文化在乡村的一种表现形式,具有见贤思齐、崇德向善、诚信友善等特点。借助传统的'乡贤文化'形式,赋予新的时代内涵,以乡情为纽带,以优秀基层干部、道德模范、身边好人的嘉言懿行为示范引领,推进新乡贤文化建设,有利于延续农耕文明、培育新型农民、涵育文明乡风、促进共同富裕,也有利于中华传统文化创造性转化、创新性发展。"由此可见,乡贤文化和社会主义核心价值观乃是一脉相承的,甚至可以说,乡贤文化乃是社会主义核心价值观在乡村落地的具体表达。

一、小说中的传统乡绅与现代新乡贤

新乡贤起源于历史上的传统乡绅,两者有着千丝万缕的联系,但在人员构成、各自的作用等方面又表现的不尽相同。下面将通过小说中描写的传统乡绅和新乡贤的典型人物形象来探讨这两者的异同。

(一) 传统乡村的灵魂人物——乡绅

在传统的乡村社会,乡绅对村庄的治理在很大程度上依赖于宗族自治、传统的乡规民约以及儒家道德伦理。秦晖将我国古代乡村自治模式总结为"国权不下县,县下惟宗族,宗族皆自治,自治靠伦理,伦理造乡绅"。在著名作家陈忠实的小说《白鹿原》中,可以明显看出对秦晖这段话的解释。下面的案例将通过对《白鹿原》中描述的乡绅形象的介绍,来说明传统乡绅在乡村中的地位和作用。

【案例】

小说中的乡绅形象
——小说《白鹿原》中的白嘉轩

小说《白鹿原》中有个重要人物白嘉轩。白嘉轩是白鹿原上白、鹿两个家族的族长,他坚守"耕读传家"的古训,两根名柱上挂着的"耕织传家久,经书济世长"的对联便是对此最好的诠释。

白嘉轩以礼教仁义束人治族,使白鹿村成为远近闻名的"仁义村"。白嘉轩始终怀有一个愿望:按照自主的意愿治好家业,按照治家的方法管理好家族的事,使白鹿原的人们家家温饱,个个仁义。他确立了乡规、乡约,使乡民们有规可依;他修祠堂、建学堂,使孩子们上学读书有了保障;他与鹿子霖

（功利、实际有诸多劣性的人）明争暗斗，阻遏了恶势力的膨胀；他救助受难的人，减轻了战乱中的人们的痛苦。

但是，在遇到触犯宗族的伦理规矩的人和事时，白嘉轩却表现出绝对的冷酷与倔拗。他拒绝携田小娥回家的黑娃入祠堂，因为田小娥是郭举人的小妾，黑娃带田小娥偷情并私奔的行为"有伤风化"；他不顾妻母的反对和族内老者的跪诛，痛打通奸逆子白孝文，因为他违背了白家的立身纲纪、辱没了先人。所以，在白嘉轩身上，也能看到陈旧保守与狭隘偏执的一面。他反对儿子进新式学堂读书，坚持女子无才便是德，欺瞒冷先生换取坟地，种鸦片生财，坚守"不孝有三，无后为大"的习俗借兔娃生孙。但总的评价，白嘉轩是个仁厚、严于律己、言必行行必果、值得敬仰的乡绅。无论时局如何变幻，白嘉轩对于礼教仁义都身体力行。他对长工鹿三宽厚仁慈、真诚相待。黑娃为了报复他公开惩罚田小娥的行为，带领土匪打断了他的腰杆，但即使他的躯体弯折了，他认为他的思想、他的正义、他给全族人带来的精神没有弯折，他仍然以他的威严执行着他认为应该维护的言行准则。他在遭遇黑娃报复后依然宽容以待，在鹿子霖入狱后竭力相救，以德报怨、仁义之至。

传统乡绅是对出身的乡土社会有着深切的情怀，并且对家乡的治理建设、维护乡民利益、文化传递和荣辱兴衰等方面起着重要作用的群体。近代中国的乡绅阶层主要由以下一些人员组成：参加科举后中举却没能取得一官半职的文人、科举落地的文人、当地较有文化的中小地主、退休回乡的官吏、长期居乡养病的官吏、宗族元老等。也就是说，乡绅是由这些在乡村社会较有影响力的人物所构成的，他们在民间基层本土本乡有德行、有才能、有声望并且通常深为当地民众所尊重。他们有些像官吏但和官吏不同，他们是民众的一员但地位又高于普通民众。乡绅的各种权力和社会地位有很大一部分是皇权默许甚至赋予的,他们在上层统治阶级和普通民众之间起到了上传下达各种政策、法令、诉求等的桥梁纽带作用。由于乡绅在乡村社会中处于村务管理者和文化主导者的地位,所以他们对乡村的社会治理、经济生产和传统文化伦理传承等都具有决定性的影响。

传统的乡绅主要有两大作用:一是维持乡村自治,二是通过制定、执行乡规民约,维护乡村礼俗。在《白鹿原》中,村庄的乡绅领袖白嘉轩、冷先生以及朱先生等人对乡村的社会公共事务有着自觉的担当,他们在乡村中有着很高的威信和地位,并凭借着传统的伦理习俗和宗族文化有效地维持着乡村的社会秩序。作为一生敬恭桑梓、海涵地负、服田力穑的族长,小说主人公白嘉轩虽然识字不多,没有从理论上系统地接受过儒家思想的教育,却把"仁、义、礼、智、信"完全融合在日常生活中,以自己的典范行为为村民树立了楷模,能够做到以德服人,因而深得民心,赢得了民众的普遍尊重和信任。他身上有着中华民族许多优秀品质,他靠自力更生建立起家业,又靠博施众济树立起人望;无论是治家还是管理家族,他都能守正不阿,树德务本。我国传统的乡绅形象在白嘉轩身上可以说体现得淋漓尽致。白嘉轩以人为本、自立为本的人格精神,集中体现了中国传统乡绅基于小农经济和田园生活的文化意识和人生追求。

(二)现代乡村的引领人物——新乡贤

现代乡村的新乡贤主要由以下3种主要类型组成:一是有威望、有良知的乡村干部;二是有社会责任感的乡村知识分子;三是热心的返乡老干部、知识分子。下面的案例将通过几部小说中的人物描写,来具体阐述这几类新乡贤的特点以及他们在乡村中扮演的角色和作用。他们分别是3种新乡贤类型的代表:一是路遥的名作《平凡世界》中的孙少安;二是关仁山的长篇小说《日头》中的返乡知识分子金沐灶；三是贺享雍撰写的小说《人心不古（乡村志）》中返乡的退休校长贺世普。

【案例】

小说中塑造的乡土人物形象

现代新乡贤孙少安

孙少安是《平凡的世界》中的灵魂人物，也是被大众所熟知的经典人物形象，可以说是现代农村新乡贤的代表。孙少安是土生土长的农民，出身贫寒、经历坎坷，艰苦努力、执着奋斗。他从6岁便开始帮家里干农活，13岁辍学帮助父亲支撑起风雨飘摇的家，他凭借着自己的"精明强悍和不怕吃苦的精神"被推选为村里的生产队长，成为双水村的"能人"。他性格品行中的"仁""恕"，是成就他人生价值的关键要素。无论家中光景多么"烂包"，他从未有过任何嫌恶，而是对家人充满了爱和责任，更难得的是，他能将对家人之爱延伸到对家乡和家乡村民的爱。他带领大伙拼命多打粮食，拼命过上好日子，命运的苦难和艰辛造就了他坚毅的性格。作为有良知有能力的生产队长，他投资修建村里的学校，邀请村民到自己的砖厂上工，带领大伙儿共同致富。在他身上我们看到了一个平凡的人的不平凡人生，他身上不屈的精神力量，感染着周围的人，带动着周围的人，也成就着周围的人。

乡村读书人金沐灶

小说《日头》中金沐灶是一名典型的有思想有社会责任感的乡村知识分子。他上过大学，当过副乡长，办过企业。作为新一代知识分子，他的个性气质与官场现实格格不入，使他自觉放弃了副乡长的职位，而选择回乡做一名普通的农民。他回到家乡投身农村改革，以底层弱势群体的身份与村里的恶霸势力展开了不懈的斗争,塑造了一个农民维权英雄的形象。他的才华和能力使他成为农村乡土文化的传承人以及农民的主心骨。他不仅处处为村民着想,帮村里招商引资,为村民推销大米,收养孤儿,保护村庄的生态环境,为村民争取土地赔偿金和正常权益,甚至为重建魁星阁一辈子未婚。但他的维权行为绝不单单因为与恶势力的家族世仇,更多的是他内心文化道德的力量。金沐灶突破了普通人的狭隘和冤冤相报的循环,他认识到文化道德的力量不在于你死我活,而是相互理解和沟通,也使得他的精神得以升华,站到了时代精神的高地上。

退休返乡知识分子贺世普

小说《人心不古》中塑造的退休校长贺世普是一位乡村中的现代新乡贤,这一地位的取得主要得益于以下几点:多年从事教育工作获得的文化素养和积累的现代文明知识,淳朴正直、刚正不阿的人格,以及乡村社会根深蒂固的宗族观念支撑下"老叔"的辈分。贺世普对家乡有着深厚的乡土情结,他怀着满腔热情回乡定居。返乡后,贺世普担任了何家湾村"退休返乡老年协会"会长,他利用自己的人脉、声望、社会资源和文化知识,积极开展村民事务调解,在村民中宣传普及法律知识,推行进步的现代生活方式,发动和组织村民美化生活环境,策划组织和捐助家乡春节文艺演出活动,改善村民的精神文化活动内容,这些都起到了现代新乡贤的良好作用。但由于贺世普的现代理念与乡村习俗道德之间存在着尖锐的对立,他最终无奈地离开了乡村,这说明久离乡土的知识分子返乡之后还可能遭遇"不接地气"的问题。但小说的结局不足以否认返乡知识分子成为新乡贤并参与乡村建设的可行性。

新乡贤主要由生长在乡村、工作在乡村中的有良知的乡村干部、有社会责任感的乡村知识分子、对家乡充满热爱的返乡退休老干部或知识分子等组成,他们在发展乡村经济、推动乡村的民主自治、传承乡村的乡土文化、增强村庄的社会凝聚力等方面做出了努力和贡献。由新乡贤们推动并形成的文化为新乡贤文化,乡贤文化为传承优良的传统文化、形成进步的现代农村文化、规范乡村道德行为奠定了基础。

国家主席习近平说过:"让居民望得见山、看得见水、记得住乡愁。"这里的"乡愁"就是人们对故土亲情、邻里情谊、家族文化的依恋,以及对家乡一草一木的怀念。台湾著名诗人余光中曾言:乡愁不仅是地理上的,更是时间和文化上的。因为有了浓浓的乡愁,所以就有了落叶归根的行动。现代新乡贤多是乡村中的文化人,他们知书达理、见多识广、社会资源丰富,常能自觉地用伦理道德规范约束自己的行为,通常受到乡亲们的普遍尊敬。他们是中国乡村社会中的道德楷模,有调解乡邻纠纷和矛盾的威信,有带领乡亲建设美丽新农村的能力,有带动村庄团结和谐进步的人格魅力。

从上述小说中塑造的3种类型的新乡贤形象,可以看出新乡贤在以下几个方面能够发挥自己的价值:一是传承和发扬乡村传统伦理道德;二是重构乡村现代精神风貌,提升乡村文化品质;三是引领乡村的村务自治和管理,助推美丽乡村建设。下面就新乡贤这3方面的作用,介绍3个现实生活中的新乡贤的案例,以便我们更直观地理解什么是新乡贤。

二、新崛起的乡村带头人

新乡贤是乡村中有良知、有文化、心怀乡土、对家乡建设充满热情的有识之士。虽然新乡贤群体正处于刚刚兴起的阶段,还没有真正肩负起传统乡绅在历史上所发挥的社会功能,但是随着社会文明程度的进步,以及参与乡村建设逐渐成为一种社会思潮,有意愿返乡建设乡村的队伍将会逐渐壮大,也将会对乡村建设起到举足轻重的作用。

下文将介绍3个有关新乡贤的案例：第一个是关于传承乡村传统文化、增强乡村凝聚力的案例；第二个是关于通过环境治理改善乡村面貌、提升乡村生活品质的案例；第三个是通过追寻乡村内在价值、助力美丽乡村建设的案例。

【案例】

县官回到乡村成为新乡贤
——余茂法辞官回乡保护古村落

浙江省绍兴市稽东镇的冢斜村是余茂法的家乡，虽然他离开家乡在外打拼多年，但对家乡的思念从未停止。余茂法是村里人的骄傲，他先后在市组织部、劳动局、水利局等部门任职，2007年当选为县人大副主任。2003年，冢斜村决定续修中断了80年的家谱。几经周折，经过余茂法及其他几位乡贤的努力，终于使完整版的《余氏宗族家谱》得以出版。一部家谱，将冢斜村的乡贤们拢在了一起，同时也把余茂法吸引回了家乡。

冢斜村有着丰厚的历史文化底蕴，余茂法发现，全村256户，竟有200多间房屋属于明清时代的建筑。但这些古建筑大多已经破败不堪，濒临倒塌。余茂法发动村里的乡贤共同保护古建筑，并使冢斜村成功申请到了国家历史文化名村的称号。以历史文化名村的获批为契机，2012年冢斜村从牛村分离出来独立成村。100多名村民联名给区委写信，要求即将退职的"县官"余茂法回到家乡任村支书。退职在即，很多企业高薪聘请余茂法，都被他——谢绝。他希望回到家乡为古建筑保护事业尽心尽力。

一回到故里冢斜村，余茂法便开始整治环境，清除脏乱差，改变乱搭、乱建、乱堆、乱扔现象；整治村风村貌，组织编制指导冢斜村发展的《冢斜古村保护与开发详细规划》和《冢斜历史文化名村旅游区总体规划》，推进古民居的保护和维修；高标准实施永兴公祠以重塑佛像为主要内容的文化布置，全方位推动了美丽乡村示范建设，修复了大小西岭古道，并改造升级了村民饮用水等多项民生工程。

在我国"十三五"规划纲要中对"新乡贤文化"做出了这样的解释：借助传统的"乡贤文化"形式，赋予新的时代内涵，以乡情为纽带，以优秀基层干部、道德模范、身边好人的嘉言懿行为示范引领，推进新乡贤文化建设，有利于延续农耕文化、培育新型农民、涵育文明乡风、促进共同富裕，也有利于中华传统文化创造性转化、创新性发展。上诉案例中的余茂法对促进传统文化的传承、改善村庄环境、增进乡村凝聚力起到了不可替代的作用。经过他多年的努力，冢斜村村民的凝聚力越来越强，所得到的实惠日益增多，村庄的美誉度越来越高，环境面貌愈发改善，村风民风愈加和谐。这些成绩的取得，凝结着全体村民的智慧和辛劳，更离不开余茂法的努力。新时代的新乡贤通过自身的努力，创造着新乡贤文化，这一文化是中华传统文化在乡村的一种表现形式，具有见贤思齐、崇德向善、诚信友善等特点。新乡贤文化是对传统乡贤文化的发扬和继承，但又和传统的乡贤文化不尽相同，它既吸取了传统乡贤文化中的价值精华，又融入了现代文明的特征和气息，实现了传统与现代的契合和对接。

【案例】

弃商回乡治污水
——治水先锋许子兵

许子兵是现任浙江省仙居县白塔镇上横街村党支部书记。

2013年年末，上横街村成为白塔镇14个首批农村环境综合整治村。针对本村水质差、水沟臭、沟渠堵塞的问题，许子兵决心带领村民共同攻克"治污水"难题。为了全身心投入治理村里的污水，许子兵毅然决定将在云南经营的年收入近100万元的超市交给妻子打理，独自回村。

要干就干出个样子来，许子兵和村两委干部带头挖臭水沟里的淤泥，清理门前屋后和公共场所的垃圾。"只有我们干了，群众才会跟着干"。随后，许子兵召开了村民代表会议，出台环境综合整治村规民约，动员全体村民，落实责任人，分组分区域开展污水治理。众人拾柴火焰高，在2014年春节到来之前，完成了露天粪坑拆除、垃圾清理、绿化等各项工作。随后，村民们在许子兵的带领下开始了"五水共治"行动，在外乡贤带头捐款，200多村民纷纷慷慨解囊。短短几天，就筹得资金10余万元。如今，上横街村的村容村貌发生了天翻地覆的变化，绿树掩映，清水环绕，一派江南乡村风光。

上横街村位于白塔游客服务中心附近，紧邻高迁古民居，交通便利。该村已启动农家乐建设项目，2014年村集体完成了一家建筑面积 2 400 米^2 的农家乐酒店，发展了10户农家乐和民宿经营户。"看，村里的环境多整洁干净，以后咱农村人的日子不会过得比城里人差。"村民们自豪地说。治理污水的行动有力促进了村居环境改善，使该村成为仙居县"五水共治"工作示范村。

村庄就是所有村民的家，村庄环境的好坏直接影响到每一位村民的生活质量和幸福指数。中国有句俗话，火车跑得快全靠车头带，这里强调的就是带头人的作用。乡村带头人的素质和表率作用非常重要，如果一个团队、一个单位没有一个心态良好、精力充沛、热情高涨、能干会干、乐于吃苦奉献的好的带头人，这个团队和单位既不会发展壮大也不会有所作为和创新，最终会变成一盘散沙，毫无一点成就。拿破仑有句名言：狮子统领的绵羊部队，能够战胜绵羊统领的狮子部队。人们都知道狮子彪悍凶猛，绵羊柔顺无力，如果带头人选对了，绵羊部队的战斗力也会超强，同样能够击败凶猛的狮子部队。由此可见，不管是东方或是西方，不管是什么制度的国家，其思想和理念都是一致的。上述案例中的许子兵就是这样一位以身作则的带头人，也是一位现代乡村的新乡贤。他满怀着对乡村的热爱，用自身的行动影响和感染了周围的村民，带领村民们齐心协力共同改善了村庄的居住环境，不仅凝聚了人心，更促进了村庄的和谐。

【案例】

构筑久违的精神家园
——宁波"驻堂乡贤"钱树德

钱树德老人是浙江省宁波市北仑区小港街道高河塘文化礼堂的"驻堂乡贤"，也是这里的管理员。钱树德退休后一直在小港居住，在小港街道启动高河塘文化礼堂的建设过程中，他敏锐地发现作为小港人母亲河的小浃江，可以作为人们寄托乡愁和找到归属感的精神家园。在钱树德的建议下，文化礼堂设立了专门展示小浃江文化的浃江风情馆。该馆讲述了小浃江流域历史人物和乡风民俗，展示了18个拆迁安置到高河塘社区的村庄的村情村史。到浃江风情馆参观的村民们兴奋地指着小浃江模型说，我家原来就住在这里。钱树德明白了，这就是人们一直在寻找的乡愁。

钱树德每天早上7点就来到文化礼堂，一有参观者，他就会满含深情地为大家讲解小浃江的文化。钱树德还组建了文化礼堂宣讲员队伍和志愿服务队伍，文化礼堂成了人们寻找精神依托的所在。近两年来，钱树德将大部分精力用在了文化礼堂的活动筹划上。如今，高河塘文化礼堂天天有活动，周一有剪纸、周二有决江讲堂、周三有戏曲表演……月月有重点，一月有迎新年、二月有新春祈福、三月有巾帼风采秀……季季有主题，春有清明祭扫、夏有红色七月、秋有中秋团圆、冬有访寒问苦。每一次活动，钱树德都非常注重挖掘其内在意义。

钱树德的付出受到了各方面的认可，他先后被评为宁波市十佳文化礼堂管理员、浙江好人。高河塘文化礼堂也被评为宁波市十佳文化礼堂。钱树德让北仑区委宣传部领导看到了"乡贤驻堂"的魅力，大力在全区选聘学识丰富、德高望重的乡贤参与文化礼堂建设，目前全区已有30余名乡贤入驻文化礼堂。钱树德将文化礼堂办成了培育和践行优秀传统文化的重要阵地。他定期在高河塘文化礼堂推出"钱老师故事会"，把优秀传统文化颂扬的价值观通过故事植入居民心中。

高河塘社区主任黄红艳说："前几年，高河塘社区居民间总有一些纠纷闹到社区甚至街道，而自文化礼堂建成以来，邻里间的矛盾纠纷基本没有了，因为通过文化礼堂举办的活动大家相互认识了，即使有一点小摩擦，也能相互体谅。"文化礼堂给高河塘社区带来的效应远非"村民的文化生活丰富了，村里打麻将的少了"所能穷尽。文化礼堂使人们的生活越来越温馨：夫妻要加班，左邻右舍自告奋勇帮忙接送上学的孩子；全家外出时天气突变，左邻右舍急忙帮着将晒在屋外的衣服收回……社会更和谐了，人们生活得更幸福了。

上述3个案例中的新乡贤通过自身的努力和村民们的积极参与配合，令人们所生活的社区环境和人文环境改变了模样。他们作为地方本土的精英、新时代的乡绅，凭借其卓尔不凡的人格魅力、出类拔萃的领导才能、心系乡土的深厚情感、丰富广博的社会资源，为实现村庄传统文化的复兴、美丽乡村建设和村庄的治理自治做出了杰出的贡献。尤其在浙江上虞等地开展的"乡贤文化运动",掀起了守护乡土文化、建设美丽乡村的高潮。但从全国的情况来看,这一阶层的兴起和壮大依然任重而道远。希望有更多的有识之士,能够加入新乡贤的行列,为建设美丽新农村以及传承乡土文化做出更多的尝试。

第二节 乡贤文化的特征

乡贤文化既与地域文化、方志文化、姓氏文化、名人文化、旅游文化等密切相连,可谓"你中有我,我中有你",但又不同于这些文化类型。乡贤文化是一种跨学科、跨行业、跨文化的综合研究,有其自身的独特研究对象与价值标尺。乡贤文化与以上诸种文化类型的异同关系,在探讨乡贤文化以下四大特征的过程中,加以辩证与区别。

一是地域性。首先,乡贤文化研究的对象,只限于本地区的历史名流与当代时贤,这些名流时贤生于斯长于斯,因而具有本地域的唯一性与占有性,他们的出生地不存在争议。其次,乡贤文化研究的名流时贤,应是在该地区出生,并在该地区长大,以后走出家乡走向五湖四海;或留在家乡,服务贡献桑梓。比如作为上虞乡贤,他们也许会说:"我是喝曹城江水长大的。"再次,乡贤文化一般不研究外地外籍来到本地并做出贡献的"客居"名流时贤,而地域文化、方志文化研究则不同,"客居"名流时贤同样是地域文化、方志文化记录、研究的对象。因此,如《上虞市志》中,就有不少出生于外省市在虞工作的精英人物介绍。

二是人本性。乡贤文化研究的对象只局限于人,以人为本,以人为中心。围绕本籍名流时贤做文章,而不涉及其他。这显然与地域文化、方志文化、旅游文化不同,后三种文化既要研究本籍名人，同时还要记录、研究社会、经济、山川、地理、景观、民俗、特产、风物、旅游资源等，研究对象与范围要比乡贤文化宽泛得多。

三是亲善性。人文主义或人本主义，向来被认为是中国文化的基本精神。"以人为本"，即以人为考虑一切问题的中心。以儒道两家思想为主干的中国传统文化，是一种以道德修养为旨趣的伦理本位的文化，因而中国的人本主义也可以称之为道德的人本主义。乡贤文化正是道德人本主义的具体贯彻和重要表现。因之乡贤文化十分强调研究对象——乡贤"善"的本性，在关注乡贤业绩贡献的同时，还要考究他们的道德操守、思想品质、爱国爱乡，把乡贤个人价值的实现放在整体关系的良性互动之中，放在一定的伦理政治关系中来考察。他们既是名人，同时必须是好人、善人。因而并非所有"名人"都是乡贤，都是乡贤文化研究的对象。因为"名人"中也有污迹甚至败类，如陷害岳飞的奸相秦桧的家乡江苏江宁就不会把他作为乡贤，又如周作人因在抗战中留有污点也不可能成为绍兴乡贤文化研究的对象。同样，出生于浙江省上虞市章镇胡村的胡兰成，尽管他写的《今生今世》《山河岁月》《中国文学史话》等为一些现代文学研究者叫好，同时又因他曾与著名女作家张爱玲结为夫妇，故而声名颇盛。但由于胡兰成曾在抗战时期的汪伪政权任职，自然不能成为"上虞乡贤"，上虞乡贤研究会也不会把他作为研究对象。亲善性与正面价值是乡贤文化坚守的研究尺度和底线，而地域文化、方志文化、名人文化等则不同，历史名人中有污点的人同样也需客观记录、研究。

四是现实性。乡贤文化研究一方面是"发思古之幽情"，表达对乡贤的崇敬与仰慕，所谓"见贤思齐""恭敬桑梓"。但更重要的是直面现实，为当今社会经济文化发展服务。因为，如果仅仅只是为了发掘、研究当地乡贤名流，地域文化、方志文化等已经在那里做了，而且可能会做得更专业。乡贤文化则是别择异途，不重复地域文化、方志文化等的研究课题，更要在古与今、传统与现实、文化与社会之间架起一座桥梁，使乡贤文化有力而有效地在发展本地社会经济文化的过程中发挥其特殊作用。因之，乡贤文化一方面要研究、传扬历史上的"古贤"，但另一方面则更重视与宣传活跃在当今社会各界的"今贤"，尤其关注那些在中央任职以及在北京、上海、广州等一线城市工作的"今贤"。如果说"古贤"是本地区的文化名片，那么"今贤"则是本地区的文化资源。乡贤文化研究的现实性既是发展本地区的社会经济文化的现实需求，同时也是乡贤文化研究本身得以存在的价值依据。

第三节 乡贤文化的形态

乡贤文化的开发、研究有着多种形态，总的特征是"因地制宜，因人而异"，也即根据本地区乡贤的多少、类型、结构等，选择最优模式。这主要有以下3种形态。

一是以本地区的重量级历史名人研究为中心，形成重量级乡贤的放射效应与多重开发价值。此可谓"重量级乡贤模式"。

如河南省鹿邑县太清宫镇（春秋时称苦县厉乡曲仁里）是老子的出生之地，"地古永传曲仁里，天高近接太清宫"。老子在历史上被尊为"百学之王"，春秋时的思想家、哲学家、道家的创始人。老子所著的《道德经》不但是中国哲学的经典，也被奉为中国本土宗教道教的教派经典，因而老子成了道教的教主，鹿邑太清宫也就成了道教祖庭。由于老子姓李（李耳），普天下的李姓都尊老子为李姓开姓始祖，自然鹿邑太清宫也就成了李姓寻根追祖的发祥地。因有这样多重因素，鹿邑县在开发、利用本地乡贤老子的文化资源上做足了文章。鹿邑县有明道宫、太清宫、老子文化广场等名胜古迹，除开展一系列老子学术研讨会、文化旅游活动外，还经常举办世界李姓大会。

重量级乡贤名人的文化效益、经济效益、旅游效益，往往会成为该地区经济文化发展的巨大引擎，政府以名人的名义，举办各种名人节、名人游等活动，用以扩大知名度，打造优质投资环境。2008年9月，笔者曾应邀去关公的出生之地——山西省运城市解州，参加在解州关帝庙举行的"中国运城市第十九届国际关公文化节"。国际关公文化节已成为运城市的文化品牌，也是发展当地经济的巨大无形资产。

二是以姓氏、望族研究为纽带，开发乡贤文化资源。此可谓"姓氏望族乡贤模式"。

国有史、方有志、家有谱。中国人特别重视民族的历史、地方的历史、家族的历史。有关姓氏起源、沿革、迁徙，特别是开姓始祖的发祥之地，最易激起后裔的寻根情结与文化认同。因而姓氏起源地及其始祖，自然成为当地重要的乡贤文化资源。2010年4月，笔者曾以"河南省姓氏祖地与名人里籍研究认定中心"特聘专家的身份，参加在方城举办的"中华曾姓祖根地在河南方城"的认定会议。与会专家从二里头文化与古缯国的关系、夏禹的六代孙曲烈所封之缯是最早的曾国，以及《史记》等古史文献、考古发现与民俗民间寻根活动等多重证据，论证了古代曾国所在地即今河南方城是中华曾姓祖根地，夏禹王六代孙曲烈是曾姓的开姓始祖。方城发掘的这一乡贤文化资源，很快产生效益。香港著名实业家曾宪梓因曾姓祖根地的确认，马上到方城投资兴建"曾姓文化广场"等项目。

一般而言，中华姓氏祖根发祥地大多集中在北方的河南、山西、山东、陕西、河北一带，而宋代以后的姓氏望族，则主要分布在南方，特别是江浙一带与湖南、四川、广东。

著名历史学家陈寅恪认为："故论学术，只有家学之可言，而学术文化与大族盛门常不可分离。""夫士族之特点既在其门风之优美，不同于凡庶，而优美之门风基于学业之因袭。故士族家世相传之学业乃与当时之政治社会有极重要之影响。"所谓家学渊源正是形成姓氏文化望族的基础。北宋以后，由于中国经济中心南移，文化也相因南盛于北，因而南方出现了不少姓氏文化望族，有的是父子相传，有的是祖孙相继，有的是本家相应，成为当地著名的乡贤名流。如四川乐山有北宋文学家苏洵、苏轼（苏东坡）、苏辙这样著名的"三苏"父子乡贤。现代江南望族名声最大者当数江苏无锡的钱家，钱家拥有钱穆、钱基博、钱锺书三大鸿儒与钱学森、钱三强、钱伟长三大科学家。此外江西修水的陈家、河南唐河的冯家也负有盛名。陈家有陈宝箴、陈三立、陈寅恪祖孙三代鸿儒以及陈衡恪、陈封怀等名士，冯家则以冯友兰、冯沅君、冯宗璞"一门三杰"闻名于世。显然，这些望族名流都已成为当地响当当的乡贤资源。安徽宣城是梅姓的望族之地，当地有"宣城梅花遍地开""从夸荆州人人玉，不及梅家树树花"的说法。梅氏家族鼎盛于宋（出现过大诗人梅尧臣），绵亘于元，再显赫于明末清初。据《宣城县志》统计，梅氏先后有进士29人，举人48人，获取各类科举功名者不下2 000人，传有著述者134人，著作总计380余部。因之宣城梅氏一直是宣城当地的乡贤望族。2009年，宣城市政府出资2亿元，建成梅氏文化主题公园——梅溪公园，并成立了"中华梅氏文化研究会。"

三是以历朝历代形成的乡贤群体为纽带，形成乡贤文化研究的平台，发挥乡贤群体整体性、连续性的社会文化效益。其条件是：该地产生的乡贤名流多，而且历朝历代英才辈出。此可谓"群团性乡贤模式"。

群体性乡贤聚集的状况，在明清以来的江南较为普遍。如福建省福州市的闽侯县，涌现出虎门禁烟的林则徐、近代思想家严复、中华民国国民政府主席林森、现代报业先驱林白水、京汉铁路"二七"大罢工领袖林祥谦、女建筑学家林徽因等，而且大多数出自林姓望族。浙江省的绍兴、宁波地区，江苏省的苏州、无锡地区，也就是吴越文化区域，各县市都是群体性乡贤名流汇聚之地。毛泽东曾有"鉴湖越台名士乡"的赞誉。这在中国地域文化中是十分著名的。

吴越自东晋以来，一改"吴王金戈越王剑"之形象，以蓬勃发展的文化饮誉中华。江南人文渊薮、名人学士层出不穷，从吴越走向全国、走向世界，人文之盛，乡贤之多，远非其他地区所能比拟。诚如明代绍兴状元张元忭在《寄孙越峰论志书事》中所言："绍兴人物本多，与他郡不同……郡志记一乡之贤，苟有一德一艺者，皆可书也。"鲁迅先生说得更明白："于越故称无敌于天下，海岳精液，善生俊异，后先络绎，展其殊才。"《越铎·出世辞》。因而长三角尤其是吴越地区，向来是乡贤文化研究的重镇。

第四节 培育乡贤文化建设美丽乡村

以培育新乡贤文化为抓手，发挥"新乡贤"在农村社会中的价值引领、道德教化、文化传承、促进发展等作用，着力培育和美家风、醇美乡风、尚美社风，促进社会主义核心价值观在农村落细落小落实，服务美丽乡村建设。

一、注入新内涵,让乡贤文化根植乡土

顺应农村经济社会发展新变化,积极选树新乡贤、培育新典型,发挥其示范带头作用。一是标准突出时代性。召开乡贤文化建设理论研讨会,明确提出新乡贤是"有威望、接地气、能带头、起作用"的草根群体、民间力量。把"遵纪守法、品德良好、为人正派、处事公正、群众公认"20字作为遴选新乡贤的标准。二是对象突出多元化。结合新农村建设"生产发展、生活宽裕、乡风文明、村容整洁、管理民主"目标,评选对象突出多元化,既有发家致富带头人,又有善管理、懂市场的经营能手;既有一心为民、公道正派的老党员、老干部;又有热心公益、扶危济困的热心人、好心人。三是特色突出乡土情。把"群众评"和"评群众"相结合,确立"村推选、镇认定、区统筹"思路,制定"七步评选法",即院坝会初评、村民代表会评议、初评候选人公示、镇街复核、相关部门评议、正式候选人公示、镇街认定等七个步骤,确保评出先进、评出导向、评出乡情。全区共评选出各类"新乡贤"近1 000名。

二、树立新标尺,让乡贤事迹垂范乡里

采取"五个一"方式广泛宣传"新乡贤"的嘉言懿行、成就贡献,为农民群众树立标杆。——一张榜展示形象。区摄影家协会为每位乡贤拍摄一张生动反映其核心事迹和精神的照片,并在每个镇街和各个村(社区)集中设置"乡贤榜",把"新乡贤"亮出来。——一句话概括事迹。将每位乡贤事迹用一句话概括,让"新乡贤"事迹易记易懂、便于传扬。如将数十年义务修路的李世学事迹概括为"板桥镇当代愚公"。——一块匾明确荣誉。邀请区内书法名家,为乡贤题写

家风家训，制成牌匾，悬挂厅堂，激发使命感、荣誉感。——一本书荟萃故事。区作家协会牵头编撰《永川乡贤故事汇》，记录乡贤故事400余个，成为农村道德讲堂的生动教材和农村中小学的校本课程。——一首歌传递情怀。广发"英雄帖"，面向全市征集"新乡贤"主题歌200余首，用歌曲传颂乡贤奉献精神、进取意识、优秀事迹。

三、引领新风尚，让乡贤精神涵养乡风

注重发挥新乡贤在价值取向、生活方式、思想观念上的示范带动作用，引领农村社会新风尚。一是乡贤立村规民约。在村支两委领导下，由本村乡贤牵头，制订村规民约，引导群众自我教育、自我约束、自我管理，全区共讨论制定出200多个群众认可的村规民约。二是乡贤促敦风化俗。针对赌博迷信、大操大办等不良风俗，组织乡贤成立红白理事会，带头协助张罗红白喜事，引导村民节俭养德；成立禁赌劝导协会，编写"戒赌歌"等，教育村民远离赌博。三是乡贤传家风家训。在区内各媒体开设"乡贤谈家风""乡贤传家训"等专栏；依托全区43个家族祠堂，在祭祖时融入诵读家规家训、讲述家族故事、奖励后辈先进等，发挥家族生活伦理教化功能；编辑《乡贤家训集》，邀请书画家创作以"乡贤家训"为主题的作品800余幅。

四、服务新发展，让乡贤力量造福乡邻

注重发挥新乡贤资源优势、能力优势，把乡贤回报乡里的善意变成真正的善举。一是当好中华美德的传承人。成立"乡贤文化促进会"，让乡贤有效参与并引领农村文化建设。开展"知乡贤、颂乡贤、学乡贤"主题活动，挖掘乡贤事迹、乡贤精神中丰富的思想道德资源。二是当好勤劳致富的带头人。在乡贤中开展"为家添力、为家添智、为家添美、为家

添彩"主题活动,帮助乡邻学技术、建场地、筹资金、跑市场,实现"先富带后富、我富带共富",先后培育出致富增收项目200余个。三是当好邻里纠纷的化解人。发挥乡贤威信和影响力,帮助调解家庭矛盾、邻里纠纷。在征地拆迁、土地流转等重大事项中,做好政策解释与沟通协调,维护村民合法利益。带头宣讲法律政策,促进群众学法守法用法。四是当好公益事业的热心人。发挥乡贤资源优势,先后为公益事业共捐款1.25亿元,修筑村道400多千米,为乡亲办助困、助学、助医等好事实事3 000余件,开展志愿服务2万余场次。五是当好社情民意的知情人。发挥乡贤人脉优势,通过"拉家常""摆龙门阵"等日常交流,问难点,找焦点,访热点,收集梳理群众所需所急所想,及时向有关部门反映情况,促进下情上达,帮助解决群众合理诉求。

第六章 美化农村人居环境

第一节 加强农业环境源头治理

一、充分利用农作物秸秆

农作物秸秆的利用途径多样,主要有肥料化、饲料化、能源化、生物转化、碳化、原料化等。这些应用既有较高的经济价值,也有益于生态环保。

农业部及国家发展和改革委员会联合发布了题为《关于加快推进农作物秸秆综合利用的意见》的文件,对农作物秸秆的处理进行了规划和规定。这里我们就以这个文件为蓝本谈谈如何利用农作物秸秆。具体办法有以下6种。

(一) 秸秆肥料化

将秸秆做肥料的处理办法有很多种。一是采用机械粉碎的办法,将收获后的农作物秸秆刈割或粉碎后,翻埋或覆盖还田。二是将秸秆覆盖留茬还田、就地覆盖或异地覆盖还田。三是快速腐熟还田法,利用微生物菌剂对农作物秸秆进行发酵腐熟后直接还田。四是堆沤还田法,主要是在田间地头挖积肥坑,将农作物秸秆堆成垛,添加适量的家畜粪尿或污泥等,调整碳氮比和水分,或者添加菌种和酶,使秸秆发酵生成有机肥。五是秸秆生物反应堆法,主要是将农作物秸秆加入一定比例的水和微生物菌种、催化剂等原料,发酵分解产生二氧化碳。

(二) 秸秆饲料化

秸秆做饲料主要是指通过利用青贮、微贮、揉搓丝化、压块等处理方式,把秸秆转化为优质饲料。青贮、微贮是指利用贮藏窖等,对秸秆进行密封贮藏,经过一定的物理、化学或生物方法处理制成饲料,饲喂牛、马、羊等大牲畜,并将其粪便还田,即过腹还田。秸秆饲料化具有广阔的推广应用前景。

(三) 秸秆能源化

主要包括秸秆沼气(生物气化)、秸秆固化成型燃料、秸秆热解气化、直燃发电和秸秆干馏等方式。秸秆沼气是指以秸秆为主要原料,经微生物发酵作用生产沼气和有机肥料。秸秆固化成型燃料是指在一定温度和压力作用下,将农作物秸秆压缩为棒状、块状或颗粒状等成型燃料。秸秆热解气化是以农作物秸秆、稻壳、木屑、树枝以及农村有机废弃物等为原料,在气化炉中缺氧的情况下进行燃烧,通过控制燃烧过程,使之产生含一氧化碳、氢气、甲烷等可燃气体作为农户的生活用能。秸秆直接燃烧发电技术是指秸秆在锅炉中直接燃烧,释放出来的热量驱动发电机发电。秸秆干馏是指利用限氧自热式热解工艺和热解气体回收工艺,将秸秆转化为生物质炭、燃气、焦油和木醋酸等多种产品。

(四) 秸秆生物转化

由于秸秆中含有丰富的碳、氮、矿物质及激素等营养成分,且资源丰富,成本低廉,因此很适合做多种食用菌的培养料。

(五) 秸秆炭化

秸秆的炭化是指利用秸秆为原料生产活性炭。

（六）秸秆原料化

秸秆纤维作为一种天然纤维素纤维，生物降解性好，可以作为工业原料，如包装材料、保温材料、纸浆原料、各类轻质板材的原料，可降解包装缓冲材料、编织用品等，或从中提取淀粉、木糖醇、糖醛等。

下面介绍秸秆综合利用的几个案例。

江苏省镇江市丹徒区是江南闻名的鱼米之乡，拥有耕地54.29万亩，适宜稻麦、棉花、蔬菜生产，区内有大片草山草坡可发展牧草，水稻秸秆产量约为35.6万吨，可利用秸秆资源为30.3万吨。建有年存栏1 000头牛的规模养殖场，以糖化后的秸秆为奶牛场青粗饲料源。按每头奶牛需青粗饲料量每日20千克来计算，全年消耗秸秆7 300吨。

济南市历城区在北部平原积极推广了以下四项技术：①秸秆气化。可消耗秸秆6 000吨，使9个村2 000余户村民用上干净卫生的秸秆燃气。②秸秆气电联供。按全年发电7 200小时计算，可消化秸秆量2 160吨。③秸秆青贮氨化。通过进行秸秆青贮氨化，全区年消化近556 756亩作物秸秆。④秸秆机械化还田。既能培肥地力，又可大量消化秸秆。

威海市除将秸秆直接还田外，还采取了堆沤还田、果园覆盖、氨化等方式，用秸秆喂养牲畜，增加土壤有机质。全市农户沼气增加到3万多户。

邹城市、齐河县、定陶县实施秸秆种菇开发工程，每年可种植菇三茬。

济南鲁青种苗研究所拥有多项瓜菜育苗专利，他们将作物秸秆转化为高效环保的蔬菜育苗及无土栽培的基质和生物有机肥。

二、减少农用车对生态环境的危害

在提高生产力的同时,农用车的废气排放、噪音等对环境造成了很大的破坏,该报废的农用车继续使用不仅污染环境,还会带来其他安全隐患。

目前我国的农用车超过 2 000 万辆,这些车担负着农业生产、运输的重任,其作用不言而喻。但是,农用车对环境的破坏也非常大。很多农民朋友对此可能不太关心。这里我们就唠唠这个话题。

农用车对环境的污染是多方面的。先来说说肉眼看得见的污染。在运载过程中,由于装载比较随意,加上车子的质量及容量等问题,车上的农作物、化肥、牲畜的粪便、垃圾等很容易撒出来,造成污染。比如 2009 年 3 月 11 日中午,一辆满载鸡粪的农用车在途经湖南长沙—常德高速公路时发生侧翻,车上装载着鸡粪的编织袋撒落一地,散发出一阵阵恶臭,严重影响了过往车辆的行驶安全。高速交警接警后立即赶到现场勘察,发现该车装有近 200 袋鸡粪,车辆发生侧翻时,车上装载鸡粪的编织袋全部甩出车外,不少袋子破裂脱落,大量鸡粪外泄,严重污染了路面。经过很长时间的清扫、紧急施救,才恢复了道路通行。很多朋友觉得这不算啥,这样的事农村每天都要生。这么多泼撒事件的合力对环境的污染就非常大。

再来说说噪声。如果你在网上检索,就可以找到许多农村中小学校因为农用车噪声太大、无法正常上课而引发争执的事情。农村学校与农田近在咫尺,而农用车大多又是一些"老爷"车,噪音特别大,在运输和耕种过程中,严重干扰学校上课秩序。

最后再来谈谈农用车的废气排放。农用车以柴油为主,而且同为柴油机,农用运输车的污染物排放量要比载货汽车高出一倍，其中单缸柴油车的污染问题更加严重。调查显示，一辆未加控制的柴油发动机排放的颗粒物是汽油车的6~10倍。北京对京郊的农用车曾进行过统计，京郊20万辆农用车和拖拉机尾气排放合格率仅为18%。

国家环保总局与国家经贸委曾联合发出通知，要求各地制定有效措施，努力解决农用运输车尾气排放和噪声污染问题。农用运输车出厂时，尾气与噪声必须达到《农用运输车自由加速烟度限值及测量方法》和《农用运输车噪声限值》这两个国家强制性标准。如果在用农用运输车不能达标，则不得上路行驶。但是实际上没有人会去执行。据估计，全国有近1 200万辆农用运输车在环保方面未达到国家强制性标准。按照我国农用运输车的报废标准，三轮农用运输车和装配单缸柴油机的四轮农用运输车使用年限为6年；装配多缸柴油机的四轮农用运输车使用年限为9年；装配多缸柴油机的四轮农用运输车累计行驶里程为25万千米。但是不少农户图便宜，仍在购买或使用超期服役的农用车。由于车辆严重老化，不但高耗能、低效益，而且难操作，极易发生恶性事故，给人民生命财产造成重大损失。

农用车会给农业生产带来很多便利，但是它对环境的破坏也非常大，因而需要遵守国家标准，正确使用农用车。

三、减少占用耕地建房，避免土地流失

土地就是我们的生命线。全国各地占有耕地粮田建房现象十分严重，导致土地大量流失，如果不加以制止，结果必然就是农民无地可种，我们无粮可吃。

随着经济的发展，农村的生活条件也有了很大改善。许多农民外出打工，挣了不少的钞票，腰包鼓了，银行里有了存款。农村住房以前多是土坯房，有些还是老式木板房，且十分

窄小。随着生活质量的提高，或者子女成家，很多农户需要建房。建新房子改善一下居住条件，这是好事，应该鼓励。但建房需要地，而以前的自然村往往十分拥挤，难以在原宅基地上重建。于是，很多农民就在自家的耕地上建房，导致大片的粮田被占用。

国务院关于制止农村建房侵占耕地的紧急通知已经做出规定，农村建房用地，必须统一规划，合理布局，节约用地。农村社队要因地制宜，搞好建房规划，充分利用山坡、荒地和闲置宅基地，尽量不占用耕地。为了节约用地，要因地制宜选择适当的建筑形式，有的社队受自然条件限制，确实需要动用耕地建房时，要经过批准。具体审批办法，由各地政府按实际情况制定。

全国各地农村都有非法占用耕地用于开发和农民建房的情况，主要有以下几方面。

1. 占用粮田耕地建房构成"田中村"，村庄的四周都是粮田和很多农民在村里找不到建房的宅基地，就在村庄的外围占用粮田耕地建房子。

2. 在国道、公路两旁占用粮田耕地建房。在公路边建房，主要是图交通便利，但这样一来就导致大片粮田耕地被占用，还影响到交通安全。

3. 乡村干部对农民占用粮田耕地建房是管而不严，有的地方干脆就是收点钱、罚点款了事。

占用粮田耕地建房，造成大量国有土地资产流失。土地是十分有限而珍贵的自然资源，耕地被乱占滥用，导致土地面积急剧减小，国有土地资产流失严重。起初是个别农户占用耕地违法建房，其他村民争相效仿，结果一发而不可收，违规建房者越来越多，严重扰乱了农村建房的秩序。

国家已经颁布了《关于制止农村建房侵占耕地的紧急通

知》，各地方政府也陆续出台了一些政策和法规，但法规需要认真去执行和监督，否则就是一纸空文。保护耕地就是保护我们的生命线，"但存方寸土，留与子孙耕"。

第二节 大力推进农村能源建设

一、什么是清洁能源

地球上的常规能源非常有限，要大力发展新能源。农村利用动植物生长过程中的衍生物做能源前景非常广阔。

什么是"能源"呢？《科学技术百科全书》是这样定义的："能源是可从其获得热、光和动力之类能量的资源。"《大英百科全书》定义为："能源是一个包括着所有燃料、流水、阳光和风的术语，人类用适当的转换手段便可让它为自己提供所需的能量。"从定义可知，能源的范围非常广。地球上的能源多种多样。按使用状况可以分为常规能源（包括煤、原油、天然气等）和新能源（包括核燃料、地热能、太阳能等）；按能源成因，可以分为一次能源和二次能源，一次能源指煤、天然气、水能、风能等，二次能源指原油加工品、煤气、电能、火药、沼气等。有些能源，比如雷电能、地震能、火山能、宇宙射线能等还没有被人们开发利用。

那么地球上的能源有多少呢？没人能计算得清，有些人说是取之不尽用之不完，而有些人在担心一旦能源用完，我们人类怎么办。具体情况又是怎么样呢？我们先来看一组数字。现在世界人口早已经突破60亿，比一百年前增加了2倍多，而能源消费据统计却增加了16倍多。无论多少人谈"节约"或"打更多的油井或气井"或者"发现更多更大的煤田"，能源的供应始终跟不上人类的需求。我们现在使用的最主要的能源是煤、石油和天然气等，这些能源数量有限，按照目前的使用速度，只能维持几十年。另外，煤、石油和天然气这些常规能源燃烧会产生巨大的污染，严重影响到人体健康及大自然的生态平衡，因而，无论从环保上还是能源供应上讲，寻找可持续发展的替代能源迫在眉睫。

现在所说的新能源通常指核能、太阳能、风能、地热能、氢气等，核能的潜力非常大，并且污染非常小。目前，一些国家如法国、奥地利、比利时、荷兰等已经关闭其国内的所有煤矿而发展核电，因为核电高效、清洁。其他如太阳能、风能、地热能、氢气等也比较环保，不过目前的利用要少一些。但是，能源清洁化是主流。特别是以后随着环保标准的日益严格，不仅能源的生产过程要实现清洁化，使用也要清洁化。

现在，一些农村开始利用动植物生长过程中衍生的物质做能源，比如牲畜的粪便、农作物的残渣、薪柴、制糖作物、垃圾等。这些物质以前被认为是典型的污染物，或者焚烧，或者掩埋，至于牲畜的粪便则一般是做肥料。这些物质被用作能源，一方面减少了环境污染，另一方面为人类提供了大量资源，因而是一举两得的事。从目前来看，这方面的前景非常大，同时利用技术也亟待提高。

二、风能的开发利用

农村风能的开发与利用主要是在风力资源丰富的农牧区，通过机械装置将风能转化为电能，为农牧民生产、生活提供能源。

风力发电具有常规发电不可比拟的优势，不但可以节约能源，使电力工业走向可持续发展的潜能，还可以促进偏远地区的经济发展。因此，在农村地区，尤其是风力资源丰富而又偏远的农牧地区的生产和生活用电做出了积极贡献，在国家可再生能源开发和利用优惠政策的带动下,发展前景光明。

三、太阳能的开发利用

我国幅员广阔,有着十分丰富的太阳能资源。据估算,我国陆地表面每年接受的太阳辐射能约为 5.0×10^{19} 千焦,各地的太阳年辐射总量达 335~837 千焦/平方厘米·年,中值为 586 千焦/平方厘米·年。近年来,国家通过市场拉动,积极推动太阳能的利用,主要包括:一是太阳能日光温室。利用玻璃、薄膜等材料,建设太阳能日光温室,主要用于反季节种、养业生产。二是太阳能热水器。利用光热转换技术,将水加热供用户使用。三是太阳能光伏发电。利用光伏转换技术,将太阳能转换为独立的电源,主要用于城乡居民生产和生活方面。如太阳能路灯、草坪灯等。应加大推广力度。

(一)太阳能热水器

我国太阳能热水器的生产和使用自 20 世纪 90 年代后期迅速发展,产量由 2001 年的年生产量 820 万平方米增长到 2005 年的 1.5×10^7 平方米,年均增长 18.7%;总保有量由 2001 年的 3.2×10^7 平方米增长到 2005 年的 7.5×10^7 平方米,年均增长 22.6%。

太阳能热水器技术在中国已经完全商业化,生产企业有上千家,从业人员在 15 万人以上。2005 年中国太阳能热水器产业总销售额近 200 亿元,生产能力和保有量均居世界第一,产品已远销欧洲、东南亚、非洲等 30 多个国家和地区,出口额已由 2001 年的 600 万美元增长到 2005 年的 2 000 多万美元。

(二)太阳能房

太阳能房是利用太阳辐射能量来代替部分常规能源,使室内达到一定环境温度或者是给室内的用电器设备供电一种装置。我国到 2007 年年底已建成被动式太阳能房 1 500 多万平方米，但主动太阳能房仅在北京、辽宁等个别地区进行试点，尚未批量建造。随着今后绿色节能建筑的发展，太阳能房的应用将会得到进一步发展。

（三）太阳灶

太阳灶目前在我国西部偏远地区仍有一定的市场，在今后一段时间内还会有一定发展，但需要设计制造出质量好、寿命长、使用更方便的农村用太阳灶。2007年全国太阳灶使用和保有量约为110万台。

（四）太阳光伏发电

20世纪90年代之后，我国光伏应用领域开始向工业领域和农村应用发展，并被列入国家和地方政府计划。如西藏"阳光计划""光明工程""西藏阿里光明工程"等。进入21世纪，特别是近几年的"送电到乡"工程，国家投资20亿元，安装了20兆伏光伏发电系统，解决了我国800个无电乡镇的用电问题，推动了我国光伏市场的增长。

（五）其他方面

20世纪90年代以来，我国太阳温室有了大规模的发展，大棚种植和养殖已成为设施农业的主要方式，大棚蔬菜种植成为各地农业生产的一项重要内容。通过这些以太阳能利用为主要措施的设施农业的发展，大大丰富了城乡居民的菜篮子，同时也为农民带来了明显的经济效益。随着中国经济的发展，太阳干燥、太阳空调、海水淡化等太阳能热利用，近两年也有不同程度的发展与应用。

实践中太阳能热水器的推广使用仍然存在一些问题：首先，太阳能热水器的安装对建筑防水、承重等方面的影响；居民自行安装不规范，影响城市景观；屋顶所有权存在争议，后期物业管理、维护不方便；高层建筑屋顶采光面积不够，不能满足全部住户使用要求等。因此，如何使太阳能利用设施与建筑融为一体，成为今后太阳能开发利用中需要解决的一个重要问题。被动式采暖太阳房是太阳能热利用中的一种重要形式。其次，长期以来，被动太阳能采暖建筑被局限于农村和能源短缺的边远地区。被动太阳能采暖技术及其应用技术还没有被系统研究并应用于实施建筑节能措施之后的城镇建筑之中。此外，目前太阳光伏发电的初始投资较高，无法在其生命周期内回收，因此单依靠市场经济推动十分困难，今后除了需要进一步加强技术创新和降低成本之外，还需要政府的政策支持。

四、小水电资源开发利用

在我国小水电指装机容量不超过 5×10^4 千瓦的小型水电站。水利部水电局局长田中兴介绍，我国小水电资源区位分布与我国相对贫困人口区位分布基本一致。小水电没有大量水体集中和移民，规模适宜，技术成熟，投资省、工期短、见效快，可就地开发、就近供电，在促进我国中、西部地区，特别是"老""少""边""穷"地区农村的经济社会全面发展中发挥了巨大作用。

农村小水电已成为我国农村经济社会发展的重要基础设施、山区生态建设与环境保护的重要手段，它不仅在增加能源供应、改善能源结构、保护生态环境、减少温室气体排放方面做出了重要贡献，还在电力应急保障中显示了独特作用。例如，在2008年南方低温雨雪冰冻灾害和"5·12"汶川特大地震灾害中，在电力主网抢修时，小水电以分散分布的优势迅速供电，减轻了灾害损失，有力地支援了救灾工作。

到2014年年底，全国农村水电装机达到 6.512×10^7 千瓦，年发电量1 600多亿千瓦时，约占中国水电装机和年发电量的30%。农村水电装机容量超过 1×10^6 千瓦的有广东、四川、福建、云南、湖南、浙江、广西、贵州、江西、湖北、重庆等11个省区市,这些省区市农村水电装机容量的总和占到全国的86.10%。

"十一五"期间,全国建成432个更高标准的水电农村电气化县。水电农村电气化县建设,对于改善农村生产生活条件,促进农村经济社会发展、农民增收和生态改善,发挥了重要作用。432个县5年累计解决90万无电人口用电问题,户通电率由2005年的98.8%提高到2010年的99.8%。人均年用电量由631千瓦时提高到1 025千瓦时,增长62.4%,户均年生活用电量由555千瓦时提高到798千瓦时,增长43.8%。在水电农村电气化县建设的带动下,全国农村水电快速发展,到2014年年底装机容量达到5 900多万千瓦。"十一五"水电农村电气化县建设,山区群众积极支持,社会各界广泛参与,营造了良好的农村水电建设环境。

五、农村生物质能开发利用

生物质能,就是太阳能以化学能的形式储存在生物质中的能量形式,即以生物质为载体的能量。它直接或间接地来源于绿色植物的光合作用,取之不尽、用之不竭,是一种可再生能源,同时也是唯一一种可再生的碳源。

生物质能一直是人类赖以生存的重要能源,是仅次于煤炭、石油和天然气而居于世界能源消费总量第四位的能源,在整个能源系统中占有重要地位。有关专家估计,生物质能将成为未来可持续能源系统的重要组成部分,到21世纪中叶,采用新技术生产的各种生物质替代燃料将占全球总能耗的40%以上。

农业生物质能资源包括农作物秸秆、农产品加工业副产品、畜禽粪便和能源作物。农作物秸秆和农产品加工业副产品可用于发电或固体成型,畜禽粪便通常用于发酵制取沼气。在提倡节能减排、新能源开发利用和建设新型农村的社会背景下,发展农村生物质能产业,不仅有利于治理农业面源污染,优化农村环境,还能有效缓解农村能源短缺,促进农村经济社会可持续发展;国家"十三五"规划纲要也要求"加快发展生物资质能、地热能,积极开发沿海潮汐能源。完善风能、太阳能、生物质能发电扶持政策"。但是,我国生物质能利用尚处于起步阶段,面临着原料供给不稳定、自主研发能力弱、配套政策不健全等多方面的困难。

六、沼气资源的开发利用

目前,农村沼气生产的主要资源是禽畜粪便。通过厌氧发酵技术,禽畜粪便在制取沼气的同时,也转化为更加高效、优质的有机肥料。

近年来,政府将农村沼气建设作为农村"六小工程"之一,加大了支持力度。在沼气国债项目的示范带动下,全国农村沼气建设呈现加速发展态势。到2007年年底,全国农村户用沼气池保有量达到2 650多万户。

近几年来,对于沼气的利用,除了农村户用沼气池外,主要的形式还有养殖场大中小型沼气工程和村镇生活污水沼气净化工程。农村户用沼气池为各农村用户提供生活用沼气;养殖场大中小型沼气工程和村镇生活污水沼气净化工程,主要是用来处理养殖场畜禽粪便、村镇生活污水,所产生的沼气,可以通过管道向居民集中供应,也可以直接发电,作为动力、照明之用。生活污水净化沼气池的推广,促进了农村和小城镇的环境治理,达到了不耗能、省投资、管理方便和达标排放的效果;大中型沼气工程的建设不仅促进了农业废弃物的综合利用,而且为农村居民和村办工业提供了能源,实现了沼液的综合利用，减轻了环境污染。

此外，沼气技术的发展目标已从"能源回收"转移到"环境保护"，沼气的利用不仅仅局限于点灯做饭，已经发展到乡村集中供气和沼气发电，并且开展了沼渣沼液的综合利用，形成了以沼气为纽带的生态家园富民工程，引导农民改变传统的生活和生产方式，提高了农民生活质量。

第三节　加强生态文化体系建设

一、树立生态文明主流价值观

将生态文明内涵融入机关文化、企业文化、校园文化、旅游文化、群众文化建设各方面。继承和发展传统文化，开展以生态价值观和环境伦理道德为核心的生态文化建设。牢固树立"善待生命、尊重自然的伦理观，环境是资源、环境是资本、环境是资产的价值观"，在全社会牢固树立生态文明理念。强化"经济、社会和环境相统一的效益意识，经济、社会、资源和环境全面协调发展的政绩意识，节约资源、循环利用的可持续生产和消费意识"的生态意识。

二、加强生态文明宣传力度

加强对社会普遍关注的生态文明热点问题的舆论引导。依托报刊、电台、电视台等新闻媒体，开辟专栏聚焦生态文明建设热点问题并进行相关生态知识的宣传；加强环保网站、环保刊物以及环保信息屏、显示屏等宣传平台的建设和运用，推进公众参与和工作交流；加快建设并形成一批以绿色学校、绿色企业、生态街道、绿色社区、生态村为主体的生态文明宣传教育基地；全面开展生态文明进社区、进村镇活动，积极组建生态文明建设社团，组织开展生态文明知识宣讲活动。

三、增强生态文化传承融合

不断挖掘本土文化的生态内涵，将历史文化、资源开发与旅游二次创业密切结合，促进生态旅游业和相关第三产业的发展。加强传统节庆文化的传承和发展，让更多民众参与到节庆活动和社会活动中，以生态文化为载体，通过以节扬文、以文促旅、以旅活市来带动产业的综合发展。

四、倡导生态绿色生活方式

大力宣传倡导生态绿色的生活方式，在全社会树立绿色消费理念，倡导绿色消费和适度消费。树立适度消费、节制消费、健康消费、公平消费、精神消费等为首的生态消费方式，积极倡导绿色生活；提倡良好、文明的卫生习惯，惩罚破坏环境的行为；使用节能环保产品，倡导消费未被污染和有助于公众健康的绿色产品，拒绝消费污染环境和高能耗的产品。

第四节 美化农村卫生环境

一、美化农村卫生环境的意义

整洁优美的人居环境从来就是我国农民生活的重要追求。从传统文化角度审视，我国相当部分的村庄在选址的时候，祖宗先人们都十分重视村庄的风水和生态，自觉不自觉地运用人居环境学、堪舆学的原理，考虑到村庄房屋与山川水流、地势形貌、田园阡陌、坐落朝向等自然环境的融洽；村庄的建设也尽量体现出借山用水的理念，小桥流水的景致，石径小巷的宁馨，粉墙黛瓦的色调，深宅雅园的格局，老井古树的神韵，曲径通幽的含蓄，以及与农事密切结合的厅、房、厨、棚等的构造。但农村村庄构成总体上是以一代又一代农民自行建设住房为主的，由于农耕生产方式要求生活和养殖用房合一或紧邻，又由于生产力水平不高，生活废弃物较少并有所利用，如垃圾堆沤作肥料，人畜粪便直接用于农作物等，再加上绝大多数农民群众终生劳作只为温饱企求宽裕，所以长期以来农民不可能萌生洁化村庄环境的理念，也不具有安装给排水等基础设施清洁村庄的实力。

从农村建设现状分析，改革开放以来，农村多种经济蓬勃发展，乡镇企业遍地开花，客观上也导致了农村建设杂乱和环境污染严重，再加上前些年只重视城市的环境保洁，不重视农村的环境整治和建设规划，以致在农村出现畜牧养殖业的发展与污染扩大并存，工业发展、生活水平提高与垃圾增多并存，农户建房缺乏整体规划，拆旧窝建新居乐此不疲，村庄环境保洁缺乏制度和资金保障，责任主体不明，普遍存在路面不硬、四旁不绿、路灯不亮、河水不清等问题，随处可见垃圾乱倒、污水乱排、电线乱拉、管道乱铺等现象，不少村庄至今尚未消灭露天粪坑，"晴天尘土飞扬、雨天污水横流、夏天蚊蝇成群""有新房没新村""进门穿拖鞋、出门穿雨鞋"，环境"脏、乱、差"问题十分突出，这些问题已成为缩小城市与农村建设差距的严重障碍。

从农民意识角度思考，不少农民群众环境意识、卫生意识、文明意识淡薄，垃圾乱倒、污水乱排、杂物乱堆等不文明行为屡见不鲜，"室内现代化、室外脏乱差"现象随处可见。从深层次看，相当多的农民群众仍保持着传统农耕社会的生活、生产方式，贫乏落后的文化生活和根深蒂固的传统习俗导致了职业农民素养提高不快。农民群众的这种与现代社会不相适应的思想意识、行为方式和生活、生产方式，已经成为制约农村文明进步和现代化实现的突出问题。

二、农村环境卫生整治现状

近年来,按照中央提出的"生产发展、生活宽裕、乡风文明、村容整洁、管理民主"的二十字方针,各地在新农村建设中都把村庄环境整治、村容村貌整洁作为重要工作,取得了较好的成绩。一些村镇村容村貌整洁,居住环境优美,配套设施完善,已经展现了新农村美好的生活景象。但是,我们也应看到,绝大多数农村卫生状况依然令人担忧,生活垃圾随处乱丢,生活污水随意乱倒,建筑剩余物乱堆乱放,住宅与禽畜圈舍混杂等脏乱差现象还不同程度地存在。目前,农村环境卫生整治工作的突出问题如下。

(一) 农民环境卫生意识普遍不强

长期以来,由于受传统习惯和落后观念的影响和缺乏宣传教育,部分农村干部群众公共卫生意识和环保意识比较差,垃圾乱丢,杂物乱放,而且对村中的"脏、乱、差"长期视而不见,这种观念和陋习与建设新农村的要求是格格不入的。

(二) 农村环境卫生基础设施不到位

目前,各地农村环境基础设施建设的投入严重不足,各级政府专项资金很少,乡镇缺财力,村级集体经济缺实力,对基础设施进行投入时往往显得力不从心,从而造成基础环境卫生硬件投入的严重缺位。一是没有规范垃圾收集系统,垃圾桶、垃圾池数量很少,房前屋后、公共场所成为垃圾堆积地,不能做到日产日清;即使实行城市管理办法,实行垃圾不落地村庄,也没有建设垃圾处理场,仍旧倾倒在村边、路边及河边;有的虽然也建有简易的垃圾处理场,但设置不合理,管理不规范,甚至造成二次污染。二是大部分村没有下水管道,人畜粪便、生活污水随意排放，致使污水横流，臭气熏天，即使有下水管道，也是直接排入河道，严重污染水源，在大力提倡新农村建设的今天，这种状况极不合时宜。三是总体规划落后，一方面缺乏对农村环境保护卫生设施的统一规划，另一方面缺乏城乡一体化管理统一规划。

(三) 农村环境缺乏长效管理机制

大部分村镇农村环境卫生工作长效机制不健全，仅仅建立几项基本的清扫机制，整治工作过后，由于长效管理制度没有很好跟上，不少农村垃圾乱倾倒，柴草乱堆放，又重新回到"脏、乱、差"。即使制定有效管理办法，也缺乏有效监督手段，难以完善农村环境卫生运行机制。

三、农村环境卫生整治的对策

增强农民环境卫生意识，创造文明卫生的生产生活环境，是提高农民卫生素养的重要内容。"村容整洁"是新农村建设的重要任务，为此，我们要把农村环境卫生整治作为新农村建设的一项重要任务。

(一) 加强宣传教育，切实增强环境卫生意识

首先要在思想上引起高度重视。各级政府要从思想上高度重视农村环境卫生问题，充分认识农村环境卫生差对农民健康与生态环境的危害，把农村环境卫生问题当做建设新农村的大事来抓，列入重要工作日程；其次要提高农民思想觉悟。应运用各种宣传工具，采取多种形式，开展农村环境卫生建设专题教育活动，形成强烈的社会舆论氛围，使广大村民增强环境意识、卫生意识、健康意识、文明意识，增强参与环境建设的责任性和积极性，努力形成全社会关心、支持、参与农村环境卫生工作良好局面。

(二) 广泛开展农村环境卫生综合整治活动

按照政府主导，农民主体，社会各界积极参与的机制，大力开展村庄环境卫生整治活动，努力做到村庄布局优化，卫生洁化、沟塘净化、四旁绿化、道路硬化、环境美化，逐步探索和建立农村居民自我管理的村庄保洁机制。坚持典型引路，全面推进文明卫生村镇创建活动。通过落实新农村建设示范村文明卫生创建活动，把提高农民道德法制水平作为文明卫生创建活动的重要任务，把文明卫生创建活动作为新农村建设的重要内容。

(三) 提高基础设施建设水平

首先要拓宽资金渠道，加大投入力度。政府要合理调配财政支出格局，加大对农村环境卫生建设资金的投入，逐步形成政府主导、部门支持、社会筹集的格局；其次要实施好硬件配套建设。通过科学规划建立垃圾简易处理场，解决垃圾出路问题。通过建设沉淀池解决生活污水问题。通过加快改厕工作步伐，彻底消灭露天粪坑，保证无公害卫生户厕普及率逐步提升，从根本上解决污染环境传播疾病这一毒瘤。

(四) 完善长效管理机制

要建立健全环境卫生管理体制和运行机制。各乡镇要把农村环境卫生管理纳入年度考核内容，作为评先、评优和奖励的依据，并设立专门机构和专人负责环境卫生工作。要建立环境卫生工作监督、考核机制。各乡镇实行定区域、定人员、定职责的"三定"责任制，各行政村要实行村民"门前三包"责任制，由村委会定期组织检查评比，好的表扬奖励，对有损村容村貌的行为，要进行批评教育，并限期纠正和改进。要制定完善卫生守则、《村规民约》等各类规范制度，用制度来规范人、制约人、引导人，提高农民环境卫生意识，让农民在制度约束下形成良好习惯。

第七章 美化农村文化

农业文化在乡村文化中占有重要地位,勤劳的民族在长期的生产生活过程中,创造并传承至今的独特的农业生产系统。这些系统包括了丰富的农业生物多样性、传统知识与技术体系、独特的生态与文化景观以及低碳的生活方式等。

第一节 农业文化是农民生活的组成部分

一、智慧农业

农业文化具有诸多显著特征,首先是其活态性,历史悠久的农业文化传统,至今仍然具有较强的生产与生态功能,是农民生计保障和乡村和谐发展的重要基础;其次是农业文化的适应性,农业文化随着自然条件变化、社会经济发展与技术进步,能因地、因时地进行结构与功能的调整,充分体现出人与自然和谐发展的生存智慧;再次是具有复合性,农业文化不仅包括一般意义上的乡土知识和地方技术,还包括那些有特定自然环境、村落和农田构成的村落景观,以及独特的农业生物资源与生物多样性。丰富的农业文化在食品保障、原料供给、就业增收、生态保护、观光休闲、文化传承、科学研究等方面发挥着重要功能。应该说,中国传统农业文化对于应对经济全球化和全球气候变化、保护生物多样性、生态安全、粮食安全等重大问题以及促进农业可持续发展和农村生态文明建设具有重要的战略意义。

青田县的稻鱼共生系统作为农业文化的代表,被联合国粮农组织列入首批四个"全球重要农业文化遗产保护项目"之一,其核心保护地为山水奇秀的方山乡龙现村,被农业部命名为"中国田鱼村"。村落形态与农家院落是建筑文化,无论是南方的竹楼、北方的石板房,还是水乡的小桥流水,黄土高原的窑洞,都讲究就地取材,追求与自然的和谐,与千篇一律的钢筋水泥建筑不可同日而语。风车、水车、石碾子、石磨等属于村落生产、生活中常用的"机械",体现着劳动人民的智慧,现在大多成为了展品。北京郊区有个柳沟村,是以"豆腐宴"出名的,在这里可以看到、体验到传统做豆腐的方法。传统加工工具得到了活态保护,传统食品制作方法得到了传承,同时,也给这里的居民带来丰厚的收益。中国延续了几千年的种植业养殖业之间的有机循环,乡村居民生产与生活之间的循环,实现了能量的充分循环利用,也没有垃圾生产,是真正的变废为宝。

自古以来,农民与大自然之间就形成了一种天然的联系,农民的生活与大自然中的一草一木都是分不开的。农民烧的柴火、吃的粮食和蔬菜、居住的房屋甚至娱乐的工具,几乎都是来源于自然。在长期的农业生产实践中,农民逐渐掌握了巧妙利用自然的方法,形成了农业智慧,并渗透到农民生活的方方面面,成为农民生活的组成部分。新型职业农民只有充分了解了传统农业文化的真谛,才能运用这些文化造福社会,并把传统农业文化与现代科技结合,促进生产和生活水平的提高。

【案例】

青田稻鱼共生系统

在浙江丽水青田县方山乡境内,有一个风景秀丽、清静怡人的村庄——龙现村,相传千年前有真龙在此显现过,因此被称为"龙现"。这是一个人口仅1 500余人的小乡村,2005年6月11日,这个小乡村吸引了全世界的目光:联合国粮农组织首批全球四个农业文化遗产项目之一——青田"稻鱼共生系统"在这里揭幕。

"我们这里的稻田养鱼历史可以追溯到1 200年前。"方山乡党委书记王俊介绍道,稻田养鱼是当地农民祖辈相传的种养习惯,村民的房前屋后、田间地头,凡是有水的地方,不论水深水浅,都养殖田鱼。"有塘就有水,有水则有鱼,田鱼当家禽",走进龙现村就如同走进了田鱼的世界。

青田县稻田养鱼种养模式是一个稻鱼共生、相互依赖、相互促进的生态种养模式,鱼在系统中既起到了耕田除草、减少病虫害的作用,又可以合理利用水田土地资源、水面资源、生物资源和非生物资源。可以增加鱼的产量和水稻收益,稻田养鱼产业化经营可使稻鱼产品达到质的提高和量的增长。过去,虽然每家农户都会在田里养几条鱼,但都是人放天养,田里放什么鱼,放多少,全凭心情,鱼儿能活下来几条,能长多大,全看老天爷的脸色。1999年开始,龙现村建起了"稻田养鱼高产示范园区",通过控制放养密度、提高放养水平等措施,大力发展精细化稻田养鱼,取得了良好的经济效益。现在,方山乡稻田养鱼面积已有3 000多亩,田鱼产量从原来的30千克/亩增加到50千克/亩,田鱼单价涨到每千克70元,比其他地方高出10元,稻米产量也能达到400千克/亩,每千克也能卖到8元多。

精细化稻田养鱼模式不但让稻米和田鱼产量提高了，更带动了当地休闲观光旅游业的发展。如今走进龙现村，随处可见一幢幢由石头垒成的古宅和深藏在绿树翠竹中的现代别墅，这就是独具农家特色的"渔家乐"。游客到此仿佛进入了世外桃源，漫步在苍松翠竹下、绿谷田园间，呼吸着新鲜的空气，呷着沁人心脾的泉水，坐听松涛竹浪，在"渔家乐"中品尝独具特色的田鱼宴，别有一番风味。自然的、历史的、文化的、独特的，这就是青田稻鱼共生模式的独特魅力。

青田县还将充分挖掘稻田养鱼的历史文化，将稻田养鱼和生态旅游相结合，以鱼为载体，通过观鱼、抓鱼、尝鱼吸引游人，对传统稻鱼共生系统的原生态景观进行保护和升级开发，展现出千年农业文化遗产的魅力。

农业文化景观

正是因为有了农业文化，乡村才有了吸引城市人的田园风光。近些年，城市环境的单一枯燥和远离自然使得人们开始青睐农业景观，村落的农业文化景观包含的内容十分丰富，农业劳动工具、农业机械、传统农产品加工工具、各种农产品的储存方式、农事作业活动、特殊的耕作传统和种植模式，广袤的农田、梯田、特色的农作物等，都是农业景观的重要内容。近些年各地热衷于举办各类农业节日，有以花为主题的桃花节、梨花节、油菜花、葵花节等，有以农产品为主题的诸如苹果文化节、草莓文化节、南瓜文化节、葫芦文化节以及稻米文化节、蔬菜博览会等。还有各类以农事活动为主题的节日，如采茶节、采摘节等。这些节日均蕴含了丰富的文化内涵，成为观光旅游的新增长点，越来越受到城乡居民的喜爱。

北京市平谷区是中国著名的大桃之乡，22万亩大桃堪称世界最大的桃园。每年4月中旬左右，正是平谷桃花盛开之时，北京平谷国际桃花节就在这里举办，数万亩桃花的海洋，吸引无数市民和游客慕名前去观赏。进了桃园，可以看到顶着太阳在劳动的果农，果农们会很热情地跟你打招呼、聊天，介绍他们家桃园里的品种，并告诉你他们正在疏花，是为了不浪费营养，长出更好的桃子。在大华山镇，很多村子前村子后都种有多年的老桃树，这些老桃树开出的花更加艳丽芬芳。桃花点缀着老树，让人有一种生生不息的感觉，盛开的桃花也让整个村落显得自然静谧，生机勃勃。这儿的村子里还有许多"农家乐"，只要在农家院里一坐，农家套餐就上来了，煎饼、柴鸡蛋、农民自家种的新鲜蔬菜，样数众多，保你吃个痛快。屋里还有农家土炕，在此小住几天，接接地气，往往使城市人感到惬意。

哈尼梯田是哈尼族人世世代代留下的杰作。哈尼梯田主要分布在云南红河南岸的哀牢山脉，被称为"凝望山神的脸谱"。整个红河两岸，凡有哈尼人的地方都有规模巨大的梯田，而尤以红河州的最为集中和壮观，主要分布在元阳、红河、绿春、金平四县。哈尼族开垦的梯田随山势地形变化，因地制宜，坡缓地大则开垦大田，坡陡地小则开垦小田，甚至沟边坎下石隙也开田，因而梯田大者有数亩，小者仅有簸箕大，往往一坡就有成千上万亩。含蓄的山谷因梯田粼粼波光凸显生动，梯田的色彩变幻与村寨、树林、云海交相辉映，清晨朝霞、落日余晖、清脆流水，其境其景，异常秀美。

哈尼族梯田在生态上表现出其独特性，每一个村寨的上方，必然矗立着茂密的森林，提供着水、用材、薪炭之源，其中以神圣不可侵犯的寨神林为特征；村寨下方是层层相叠的千百级梯田，那里提供着哈尼人生存发展的基本条件——粮食；中间的村寨由座座古意盎然的蘑菇房组合而成，形成人们安度人生的居所。因此，哈尼梯田也开创出了一套独具特色的复合农业生态系统：山腰气候温和，冬暖夏凉，宜于建村，适于人居住；而村寨上方茂密的森林，有利于水源涵养，使山泉、溪涧常年有水，使人畜用水和梯田灌溉都有保障。村下开垦万台梯田，既便于引水灌溉，满足水稻生长，又利于从村里运送人畜粪便施于田间。梯田的建造完全顺应等高线，既减少了动用土方，又防止了水土流失。森林—村寨—梯田—溪流"四度共构"的结构创造了人与自然的高度融合，体现了结构合理、功能完备、价值多样、自我调节能力强劲的复合农业特征。

江西是油菜花大省，江西最美丽的油菜花在婺源，婺源素有"书乡""茶乡"之称，被誉为"中国最美的乡村"。走进婺源，村村是景。漫山的红杜鹃，满坡的绿茶，金黄的油菜花，加上白墙黛瓦，五种颜色，和谐搭配，让你感到像是走进了连绵不断的画卷。

农业主题公园是最近些年兴起的文化旅游项目，如南瓜主题公园、葫芦主题公园、草莓嘉年华、食用菌博物馆等，不仅展示多彩多姿的农业品种，普及农业基本知识，也展示科学研究和栽培的最新技术，传播现代农业文化。

乡村旅游、农业旅游的兴起，预示了农业文化的存在对于人类生存和发展所具有的价值，新型职业农民了解农业文化，对创造农村新业态，实现乡村产业的融合具有重要意义。

二、勤俭持家

农业文化体现在农民生活中，最为突出的就是"勤俭持家"了。如果说"风调雨顺、五谷丰登"是要老天爷的保佑才能实现，而"勤俭持家"则是靠自己的毅力和坚持实现的。因此，几乎每一个家庭的春联都表达了这样的意思。诸如"艰苦朴素牢牢记，勤俭节约代代传""铺张摆阔图虚名，勤俭节约传家宝""勤为持家宝、俭是聚宝盆"等字眼。在今天更多的是"超前消费"的观念充斥现代人的头脑时，为什么村里的人依然如此重视勤俭的风气？这是与农业生产的特点不可分割的。勤俭包括两层基本含义：一是与懒惰相对的勤劳，二是与奢靡相对的节俭。村落文化对勤俭的理解和践行正是基于这两方面的含义。

勤俭节约是中国人的传统美德之一，是中华民族的优良传统。小到一个人、一个家庭，大到一个国家、整个人类，要生存、要发展都离不开"勤俭节约"。对于以农业生产为生或基础的村民来讲，勤俭的意义更为重大。

勤俭思想的形成与古代社会的客观情形紧密相连。在古代自然经济条件下，生产工具简陋，生产力水平低下，社会物质财富匮乏。村民要维持家庭生活，只能辛勤劳作，节省开支。因此，大多数学者认为勤俭是村民生活的经验总结，勤劳和节俭也就成为普通百姓家庭得以生存的条件。勤劳对村民来说：一是努力劳动，不怕辛苦，做好自己家的农活；二是愿意帮助他人，不懒惰，热心肠，帮助别人家干活更容易获得"勤劳"的美誉。而节俭的含义也包含两个含义，即爱惜东西和量入为出两个方面。这里的"东西"不单单指粮食，而是指一切日常生活用品，只要是日常生活中的东西，村民们都会爱惜，哪怕是一针一线。谁家要是出了个"败家子"那就在全村名誉扫地，直接影响村里人或周围村庄的人对这家人的整体评价。

勤劳节俭与人们的生产观、消费观和储蓄观紧密相连。农业生产直接与大自然打交道，而大自然是变幻莫测的，即便是现代社会，我们通过科学技术可以准确地预测出气候的变化、灾害的发生，但大多情况下我们无法阻止灾害的发生。农民在经历了各种风险后要想保证自己的口粮就必须等到来年。所以，农民在生产时往往会选择规避风险的生产观，也就是斯科特在所提及的农民的"生存伦理"。勤俭思想形成的另一个因素是量入为出的消费观。村落的消费体现为节俭消费和储蓄消费两部分，节俭消费主要表现在生活开支上，而储蓄消费则主要是将剩余的货物或钱财存起来以备不时之需，如生老病死、婚丧嫁娶等。村民之所以节俭，一是因为产出少，只有"俭"才能度日；另一个因素是对来之不易劳动成果的珍惜，是一种信仰，这种信仰直接上升到他们的生活方式层面，变成了自然习惯。今天，尽管物质相对丰富了，但是勤俭的重要性更迫切了。崇尚勤俭的传统与当代"低碳生活"理念是一致的，也体现了勤俭思想对生态建设和可持续发展理念的价值。

【案例】

捡麦穗的习惯

73岁的王满仓至今保持着捡麦穗的习惯。

以前收小麦，都是人工用镰刀割的，前面壮劳力负责收割，妇女们把麦子捆成捆儿，扎好。掉在地里的麦穗由老人或者小孩把它们一颗颗捡起来，颗粒归仓。捆好后的小麦要放在牛车上带回家去，路上颠簸会有麦子掉下来，要跟在车后面捡起来，生怕丢了一粒。

现在都用收割机收割。收割机收得快，不到半天的功夫好几亩地的麦子就收割完了，但是地里丢掉的麦穗很多。王满仓没事儿的时候就到收割过的地里去捡这些被人们丢弃的麦粒，半天就能捡上十多斤。他说看着落在地里的粮食可惜了的，看不过去。我们都是受过罪、吃过苦的人，见不得浪费。

农人尚俭，更主要的是把节俭与"德"联系在了一起，通过经济上的节俭来培养良好的品性，不为物欲而丧志。俭以养德在村落里体现为"俭中有度，善于消费"和"俭为德之共"两个层面。所谓俭中有度是指既坚持节俭美德，又要合理地把握度。这里的"适度"标准要根据社会经济文化的发展水平、个人的经济收入的多寡而定。在村落里,节俭是"会过日子"的代名词,尤其是女主人会过日子对这一家人来讲是一种福报。

今天,我们告别了物质短缺的年代,人们再也不必要"勒着裤腰带过日子"。极大丰富的商品刺激着人们的消费,在"拉动内需"的口号下,消费甚至浪费竟然成了时髦。在消费主义侵蚀的社会风气下,在这个物欲横流的社会中,勤俭的美德似乎变得不再是美德了。勤俭文化也在被我们抛弃,与我们渐行渐远。

面对严重的污染和能源危机,人们开始关注生态文明,社会也在呼吁"低碳生活",政府对官员的奢靡生活开始了治理,网络也成为了反对奢靡、浪费的监督力量。在这样的背景下,人们猛然回首发现传统的勤俭美德治疗社会病态的一剂良药。勤俭美德开始重新回归,其价值逐渐显现。有理由相信,在纠正了种种消费主义误导以后,理性消费和健康生活方式必将回到人们的生活中。勤俭作为生活态度和理念却永远不会过时。相反,在物欲横流的今天,勤俭品质显得弥足珍贵。在村落环境中,勤俭的道德标准、崇尚节约的生活态度、艰苦奋斗的民族传统,也将成为人们心灵净化和精神升华的重要内容。

第二节 乡村文化建设的内涵及其重要意义

1996年10月,中国共产党第十四届中央委员会第六次全体会议审议并通过了《中共中央关于加强社会主义精神文明建设若干重要问题的决议》。我国开始进入建设社会主义精神文明的新时期。社会主义精神文明,主要表现为社会生产和人们精神生活的进步与发展,表现为生产劳动、科学、文化知识的发达，人们生活质量的改善，文明程度和人们思想、政治、道德水平的提高；是社会进步在特定区域内的体现。而中国农村的精神文明，则有其特殊的内涵。

一、乡村文化建设的内涵

乡村文化建设作为社会精神文明的重要内容，主要体现在社会生产和农民精神生活的同步发展，农村科学文化知识发达以及农民政治、思想、道德文化水平的提高。乡村文化建设与乡村物质文明建设是相辅相成的关系。一方面，乡村物质文明建设的发展为乡村文化建设提供了物质保障。物质文明的发展，带来了广大农民精神面貌的变化、思想观念的解放，开拓了广大农民的视野，促使其渴求建设新生活。另一方面，精神文明为农村社会主义建设的正确发展方向提供有力的思想保证，精神文明为农村社会主义建设提供智力支持。乡村文化建设为物质文明建设提供了精神动力、智力支持和思想保证。

要真正把握乡村文化建设的科学内涵，首先要了解乡村文化的核心问题。当前，建设乡村社会主义精神文明的核心问题是实现社会主义、共产主义的最高理想。在进行共产主义理想教育的同时，还要进行爱国主义、纪律的教育。要坚持发展物质文明和精神文明，坚持"五讲四美三热爱"，培养有理想、有道德、有文化、有纪律的新型农民。要切实做好思想政治工作，端正方向，把思想政治工作放到重要的位置上。在增强思想政治工作的原则性和战斗性的同时，结合改革开放后农村商品经济的发展，引导农民摆脱小农经济思想的束缚，加强社会主义、集体主义思想教育。大力普及乡村文化科学技术教育，丰富乡村文化生活。

乡村文化建设包括多方面工作。第一，抓好乡规民约的制定。这是乡村文化建设一种好形式，是群众自我教育、自我管理的好方法。第二,要抓好农村集镇文化中心的建设,这是乡村文化建设的重要阵地。办好农村集镇文化中心势在必行。要抓好先进典型。争做五好家庭、模范个人的活动在我国广大农村展开,把中华民族崇尚文明、追求文明、建设文明的行动推向一个新的阶段。

二、乡村文化建设的意义

乡村文化水平影响着社会主义精神文明建设的历史进程。中国几千年来的优秀文化传统,都集中体现在乡村文化上。中华民族固有的那种勤劳勇敢、吃苦耐劳、与人为善、和谐统一等优秀传统美德都在农民身上得到充分的继承和发挥。我国乡村文化建设方面所取得的每一点进步都变成全民族的宝贵财富,推进了整个社会的发展,也推动着社会文明水平的提高。我国广大农村在精神文明建设方面存在的问题,也必然会涉及整个中国,甚至会造成极为恶劣的影响。所以,无论从正面还是反面来说,我们都不能低估乡村文化建设的重要影响。只有将乡村文化建设搞好了,才会使整个社会精神文明建设取得显著进步。

(一)乡村文化建设有利于农村经济发展,实现农村现代化

乡村文化建设包括乡村思想道德建设和科学文化建设,它对农村经济发展的促进作用是全方位的。而实现农村现代化,关键是实现农村经济现代化和乡村文化现代化的统一。乡村文化建设在农村经济发展中的作用集中体现在为经济发展提供正确的思想保证、精神动力和直接的智力支持。

首先,乡村文化建设是保证农村经济发展的正确方向。在农村社会发展中,精神文明建设与农村经济发展之间的关系有如鸟之双翼、车之双轮,缺一不可。忽视农村经济的发展,乡

村文化建设就没有基础；而忽视乡村文化建设，就会使我们农村经济的发展失去正确的方向。这就使得我们必须明确，我们建设的是社会主义的新农村，实现的是社会主义的现代化，这个基本方向不能改变。农村社会的全面进步，必须是物质文明和精神文明建设都要搞好。在这个过程中，我们只有大力加强精神文明建设，才能保证农村经济发展的社会主义方向。

其次，乡村文化建设为农村经济发展提供强有力的精神动力。农村经济发展的快慢，农村经济能否健康发展，取决于多方面的因素，但最重要的因素是人。在农村经济发展的过程中，如果农民素质不高，没有科技意识，没有进取精神和良好的精神状态，那么发展经济的客观条件再好，他们也不会利用；经济也就发展不起来。即使经济一时发展起来了，也可能是畸形或不健康的。没有精神文明作支撑，农民缺乏生产积极性，其精神生活无法得到满足，必然导致社会经济的退步，不利于实现农村现代化。提高农民的科技文化素质，提高他们的思想道德水准，使他们成为具有现代意识的新农民，才能保证农村经济的健康持续发展有不竭的动力。

最后，乡村文化建设为农村经济发展提供智力支持。精神文明建设的一个重要方面是科学技术，而科学技术是第一生产力。在科学技术迅猛发展，我们已步入知识经济社会的今天，经济的发展没有科技知识作后盾是不可想象的。现阶段，我国农民存在科技意识差、科技素质低的现实问题，这也是农村贫穷落后的根源。这种状况与我们建设现代化农村，实现农业现代化是不相适应的。实践证明，在农村经济发展中，科技的作用越来越明显。要大力发展科技教育，普及科学技术知识，培训农民，提高农民的素质，以保证农村经济的发展有强有力的智力支持。只有这样，才能使农村的经济发展有后劲；才能保证农村经济持续快速健康发展，最终实现农村现代化。

(二) 乡村文化建设有利于推动社会主义新农村建设

建设社会主义新农村,是党中央做出的一项重大战略决策。建设社会主义新农村,既要大力发展农村社会生产力,也要切实改变农村面貌,推动农民思想观念、生活方式的转变。而精神文明作为社会主义新农村建设的本质要求,与新农村建设具有辩证关系。一方面,精神文明建设是新农村建设的重要内容,体现出新农村建设的本质要求;另一方面,精神文明建设的有效开展将促进新农村建设,为新农村建设提供智力支持和共同的思想根基。农村的发展、农业的进步,离不开乡村文化的发展。建设社会主义新农村,就必须大力建设乡村文化,提高农民的科学文化素质,转变传统思想文化,构建现代乡村文化。

精神文明建设是新农村建设的本质要求。中国共产党第十六届中央委员会第五次全体会议提出新农村的建设要求是"生产发展、生活宽裕、乡风文明、村容整洁、管理民主",其中的"乡风文明"正是对新乡村文化建设的体现。精神文明是新农村建设的客观需要。随着经济的不断发展、农民收入的不断提高,农民的精神生活也日益需要充实。但是,随着市场经济的不断发展、物质生活的改善,人民的精神需求不断增强。面对经济社会转型期所出现的各种新问题、新情况以及东西方文化思想交流的日益密切,乡村文化建设也出现了许多问题。农村出现封建迷信、"黄、赌、毒"等不良社会现象。这就迫切需要加强精神文明建设,丰富广大农民的精神生活。同时,物质文明建设和政治文明建设也要以一定时代人的道德素质、科学素质以及文化发展状态为支撑。只有重视文明建设系统的协调发展,才能在动态平衡中实现社会文明的进步,"生产发展、生活宽裕、乡风文明、村容整洁、管理民主"也才能得到协调推进。"精神文明,重在建设。"在这样一个机遇和挑战并存的时代,我们必须采取措施,正确面对经济社会转型期出现的新情况、新问题,不断加强乡村文化建设。

精神文明建设将促进新农村建设。在社会主义新农村建设的过程中,精神文明建设具有举足轻重的作用,决定了新农村建设的成败,和农村社会发展的方方面面都具有密切的关系。党中央提出的新农村建设20字目标,都需要精神文明建设的配合与支持。只有精神文明建设切实取得了成效,新农村建设的目标才可能得到实现。在新农村建设过程中,精神文明建设的切实有效开展将促进农村物质文明的发展。在新农村建设的过程中,要想实现生产发展、生活宽裕的目标,单靠发展物质生产资料和生活资料是不够的,因为生产力中生产者始终是最重要的因素,人的行动又是受思想支配的;只有农民的思想觉悟提高了,精神生活丰富了,才能有效促进生产发展。

(三)乡村文化建设推动社会主义和谐建设

精神文明建设对农村和谐发展的作用主要体现在四方面:精神文明建设为构建社会主义和谐农村提供共同思想基础。为构建社会主义和谐新农村提供先进文化力量。可以为农村的和谐发展提供正确的舆论导向和智力支持。为农村社会的和谐发展提供融洽的人际环境,形成文明的乡风。

精神文明建设促进培育社会主义新农民。在新农村建设的过程中,如何培育适应社会主义新农村建设的新农民是决定新农村建设成败的关键。精神文明建设将会提高农民素质,有利于引导和教育农民遵纪守法、提高修养、崇尚科学、移风易俗,使之成为有文化、懂技术、会经营的新型农民。建设社会主义新农村落点在村、重点在农民。为的是农民,靠的也是农民。农民的文化素质、技术能力和思想道德水平,直接决定新农村建设的兴衰,决定新农村建设的成败。农民的知识化、现代化、技能化是新农村建设的前提和条件。精神文明建设可以提高农民的思想道德素质。全面提高人的素质是精种文明建设的内在要求。新农村建设的目标和要求是"生产发展、生活宽裕、乡风文明、村容整洁、管理民主",这就要求新农村建设的主力军的综合素质应得到提升。

(四) 乡村文化建设影响着社会文明进程

社会主义精神文明建设事关我国社会主义现代化建设的大局。而农民作为我国最广泛的群体,乡村文化建设则事关社会主义建设的成败。我国是一个农业大国,农村人口占我国人口的绝大部分。乡村文化作为社会主义精神文明的重要组成部分,其建设在提高我国农民的整体科学文化素质、思想道德素质方面发挥着不可替代的作用。可以预见的是,全面建设乡村文化,必然对社会精神文明建设具有巨大的推动作用。

社会文明的进程其实就是人全面发展的进程。乡村文化建设关系到农民的全面发展,影响我国社会文明进程,也是我国社会文明的重要标志。高度重视乡村文化建设,重视农民的全面发展,就是大力发展农村基础教育,发展农村先进文化,实现农民的现代化发展。

第三节 当前乡村文化建设的现状及特点

中国共产党第十届中央委员会第三次全体会议以来,我国乡村发生了历史性的深刻变化。随着改革开放的不断深入,经济建设取得重大成就,农村社会面貌发生明显改变,精神文明水平也在不断提高。在农村,亿万农民的思想得到解放,观念不断更新,民主法制意识增强,科学文化素质也不断提高。这充分说明乡村文化建设已经进入了一个新的阶段。

第七章 美化农村文化

一、当前我国乡村文化建设的现状

新时期的乡村文明建设具有鲜明的中国特色；形象地说是两个文明一起抓，两个成果一起要，口袋脑袋一起富。乡村文化建设始终与物质文明建设紧紧连接在一起，而不是游离于经济建设之外。如文明生态村和文明信用户的活动目的都是一起富。一是高度重视思想道德方面的建设，始终把培育和弘扬伟大的民族精神作为重要任务，把引导农民解放思想作为重要内容，把农村的思想道德建设作为重要内容。二是沿着内外两条线同时展开。在农村内部主要引导农民开展创建文明户、文明村的活动，改善农村环境，增强服务和造福农民的能力。从农村外部主要是着眼于统筹城乡经济发展，大力开展城乡共建、居民共建、"三下乡"、西部助学和送温暖献爱心等活动，引导全社会的力量关心和支持农民，为农民多办好事、多办实事，在共建中传播先进文化，营造一种新的党群关系。三是以亿万农民群众为主体，充分尊重群众的首创精神，引导广大农民自我教育、自我管理、自我服务，逐步转变社会风气，提高社会文明水平。

可以说，自乡村文化建设开展以来，工作取得了很多成就。乡村文化建设使得广大农民解放了思想，转变了观念。健康文明的现代生活已经进入农村。农村精神方面的消费渐多，休闲方式逐渐多样化。"科技兴农""三下乡"等文化活动，提高了农民自身的素质，丰富了农民的精神生活。此外，乡村文化建设也开始逐步制度化、规范化。如许多市县都已经设立了精神文明委员会，指导乡村文化建设。但不可否认的是，现阶段的工作仍有许多不足之处。农村部分地区的精神文明建设存在五不到位的现象，具体包括以下方面：

认识不到位。在某些地方，农村基层干部并没有意识到精神文明建设的重要性，无法把握物质文明和精神文明的辩证关系，出现了各种认识错误。由于这些认识上的错误，许多基层干部根本不重视精神文明建设，或者将精神文明建设当做虚的东西。抓起文明建设来往往是以会议落实会议精神，用文件贯彻文件精神，靠讲话传达讲话精神。

工作不到位。在农村相当一部分地区，宣传思想工作淡化；科普教育工作未能很好落实；农民缺乏开会积极性，更难说得上有组织地学文化科技、学法规，因而难以对农民进行耐心细致的思想教育工作。由于工作不到位，加上一些农村基层干部工作方法简单粗暴，造成群众对思想政治教育不愿听、不理解、不接受，对党的方针、政策、法令、法规不理解。这就使得精神文明建设在一些地区难以开展。

协调不到位。乡村文化建设涉及各行各业、千家万户，必须动员全社会力量步调一致、齐抓共管，但作为协调乡村文化建设的协调机构，县级精神文明建设委员会及其办事机构——县级文明办，由于人员少、经费少，缺乏权威性，难以履行"统筹规划，综合协调，督促检查"的职能；而党政部门间也极难协调，具体反映在管人与管事相脱节，管钱与管事相脱节，无人办事，无权办事。无钱办事的情况在乡村文化建设的组织领导工作中相当突出，部门之间各自职能也极不明确，谁主管谁协调难以落实，没有建立起正常工作运转及其协调机制。

投入不到位。乡村文化建设的顺利进行需要足够的物质保障。精神文明不能光靠精神建设，要解决有钱办事、有人办事的问题。把党的路线、方计、政策贯彻到农村，把市场经济知识、信息传达到农村，都需要相应的阵地、队伍、设施保障。不然的话，乡村文化建设就难以搞好。但这几年，对乡村文化建设的投入偏少，主要表现如下：一是乡村思想宣传阵地萎缩,对农民进行思想教育失去载体,乡村许多地方文化设施年久失修或被废置、被破坏,新增文化设施更难以提到议事日程。二是乡村文化秩序混乱,亟待加强管理。乡村封建迷信、"黄、赌、毒"等现象层出不穷。这些现象对广大农民的负面影响是极大的。三是乡村教育事业被轻视和严重削弱,乡村许多地方的九年义务教育难以普及,不少适龄儿童失学,尤其是农村女童失学严重。

二、我国乡村文化建设的主要特点

乡村文化建设和我国改革开放历程紧密相关。随着改革开放的深化,我国农村已不同于改革开放以前的农村,当前我国乡村文化建设有变革时期的新特点。当前乡村文化建设还处于发展过程,无论是农民的思想道德观念,还是精神文明建设的实际工作,都有许多基本特点。相对以往乡村文化建设而言,当前乡村文化建设具有以下主要特点。

(一) 乡村文化建设具有鲜明的中国社会主义特点

我国是社会主义国家,精神文明建设必是社会主义精神文明建设。乡村文化建设从本质上说是中国社会主义精神文明建设的一部分,马克思列宁主义、毛泽东思想、邓小平理论、"三个代表"重要思想以及科学发展观是我国乡村文化建设进程中必须坚持的思想理论武器。我国的乡村文化建设,就是全面贯彻落实社会主义精神文明、构建社会主义和谐社会的重大举措。只有依靠正确的社会主义思想,坚持党的领导路线,我国的乡村文化建设才不会偏离轨道。乡村文化建设的社会主义特点,有利于保证我国广大农村地区政治思想的正确性,保证我国现代化建设沿着正确的社会主义方向前进。由此可见,我国乡村文化建设具有鲜明的中国社会主义特点。

（二）乡村文化建设目标对象发生深刻变化

乡村文化建设的根本目标是提高农民素质，培养有理想、有道德、有文化、有纪律的"四有"新农民。党中央在第十六届中央委员会第五次全体会议上提出建设社会主义新农村，其工作对象是以农民为主体的广大农村居民。随着农村经济变革和社会变革的深化，乡村文化建设的这一目标对象已经或正在发生着一系列深刻的变化。以农民为主体的农村居民，在发生着前所未有的分化，已分化为不同的利益群体或阶层。典型代表便是农民工群体。这些属于不同利益群体和阶层的农村居民都获得了前所未有的社会解放，其自立、自主、自为和自强的自我意识、主体意识都在一定程度上得到了发展和弘扬，但由于职业利益要求和自我意识发展的不同，这些不同利益群体和阶层往往会形成不同的思维方式、行为方式和生活方式。这就对乡村文化建设把握其目标对象提出了新的要求。农业不断现代化，农村经济不断发展。农民阶层的分化使得现阶段乡村文化建设的目标对象日益复杂化，也对乡村文化建设在把握不同目标对象上提出了更高要求。

（三）乡村文化建设手段逐渐多样化

乡村文化建设的有效手段，能保证精神文明建设的各项任务真正做到进村、入户、到人，保证乡村文化建设过程中思想道德教育的高效输出。在传统政治体制下，农村基层组织对农民人身有着严格规范，表现在以下方面：农民的组织化程度很高；党的基层组织掌握着农村一切社会公共资源，并可以借助严密的组织体系及其所掌握的社会公共资源，对农民进行严格的规范。这种严格的人身规范保证社会主义意识形态和道德规范的高效输出。但随着改革开放的不断深入，农村发生了一系列转变。家庭联产承包责任制的推行和以村民自治为基础的乡村社会管理体制的确定，使广大农民在经济、政治和社会生活的方方面面都获得了充分的解放与自由，拥有了进行自主选择、自我管理的民主权利。这实际上就意味着农村基层党组织不可能像往常那样凭借严密的组织结构与所掌握的社会公共资源对农民进行管理教育。这就给农村基层党组织及其所领导的村民自治组织提出了新的时代要求。要在充分发挥其积极领导与管理作用的前提下，使广大农民特别是年轻一代的农民从经济事务和乡村公共事务的自治走向道德上的自律，进而提高乡村文化水平。

第四节 当前乡村文化建设的举措

我们在分析了乡村文化建设的基本内涵与基本特点，了解了乡村文化建设的现状及主要问题后，就要从宏观上、整体上探索加强乡村文化建设的基本思路和对策。乡村文化建设是一个非常复杂的社会系统工程，它涉及农村方方面面的工作，我们需要采取综合治理的方法。根据我国乡村文化建设的现状问题及特点，当前应做好以下几方面的工作：

一、构建中国梦，提高农民的思想道德素质和科学文化素质

中国梦是社会主义意识形态的本质体现，是全党、全国各族人民团结奋斗的共同思想基础。因此，乡村文化建设首先要构建社会主义价值体系，牢牢把握和坚持马克思列宁主义、毛泽东思想、邓小平理论、"三个代表"重要思想、科学发展观等社会主义先进思想理论，解决由社会转型和市场经济发展带来的思想混乱、价值多元化问题，构建具有中国社会主义特色的乡村文化。

在乡村文化建设中,要坚持不懈地进行爱国主义、集体主义和社会主义教育。深入开展爱国主义、集体主义和社会主义教育,是乡村文化建设的重要内容。要教育农民认清社会主义制度的优越性,引导广大党员干部和农民群众树立建设中国特色社会主义的共同理想和正确的世界观、人生观、价值观,在全社会大力倡导社会主义、共产主义的思想道德。针对目前乡村思想道德建设领域的实际情况,要教育、引导农民坚持共同富裕的发展方向,正确处理好社会主义市场经济条件下的国家利益、集体利益和个人利益三者之间的关系,避免个人利益与国家利益、集体利益发生冲突。要引导农民自觉履行纳税、报名参军等各项义务,为发展集体经济、改变家乡面貌做贡献。引导农民讲文明、讲礼貌、讲信誉,逐渐形成和谐的人际关系、良好的社会秩序和健康的社会风气。在农村广泛开展"三德"教育,使农民真正树立起正确的社会公德、职业道德以及家庭美德观念,为构建社会主义和谐社会贡献自己的力量。

提高广大农民的科学文化素质是建设社会主义精神文明的一个重要内容,也是搞好乡村文化建设的基础。首先,要切实抓好农村的基础教育。特别要认真搞好农村特别是偏远地区的"普九"规划和实施工作。只有切实搞好农村的基础教育,我们才能从根本上遏制新文盲、新愚昧的产生。大力开展农村的各种文化技术培训教育。乡村文化落后,劳动者素质偏低,是影响和制约农村经济发展和社会进步的一个根本原因。加强对农民群众的文化技术培训教育,一定要切合农民的生产生活实际,寓教育于农民的致富之中。以提升素质为支撑,增强乡村文化建设的主体意识。农民是农村建设的主体。没有高素质的农民,就没有文明的农村社会。近年来,广大农民的思想素质已经有了较大提高,但仍存在政治意识淡化、组织观念弱化、封建迷信抬头以及铺张浪费、赌博等问题。特别是极少数人无视国家和集体利益，个人至上、金钱至上、利益至上等。针对这些问题，应重点开展以下工作：一是政策宣传教育。要把对广大农民的政策教育摆到突出位置，让农民了解政策、掌握政策，真正成为政策的受益者。二是现代科技教育。农村干部群众既要富口袋，也要富脑袋。要认真组织好科技下乡，大力普及科技知识，帮助农民走科技致富之路。同时，大力开展"反对封建迷信、崇尚科学"等活动，教育农民摒弃旧风旧俗和各种恶习，用科学思想、科学知识占领农村思想文化阵地。三是集体观念教育。乡村文化建设要切实承担起增强农民集体主义观念的职责，教育农民树立发展集体、共同致富的观念，夯牢乡村文化建设的思想基础。四是民主法制教育。要大力落实民主管理制度，提高农民群众的民主意识和参政议政热情。要引导农民群众认真学法，做知法、守法的公民，树立乡村文化新风尚。

二、加大对农村的投入，为乡村文化建设提供坚实的物质保障

我国已处于经济发展的新阶段，可以实行城市支持农村、工业反哺农业的阶段。我们要想方设法建立一条获取稳定、可靠、多方面建设乡村文化资金来源的渠道，为乡村文化建设提供坚实的物质保障。

一是要大力推进乡村文化设施建设。以政府为主导、乡镇为依托、村为重点、户为对象，发展县（市）、乡（镇）、村文化设施和文化活动场所，构建乡村公共文化服务网络。要整合村级组织活动室、图书室、文化活动室以及广播电视"村村通"工程、文化信息资源共享工程、远程网络教育接收点，着力构建农村公共文化服务体系。二是要大力发展乡村社会事

业。完善乡村公路、广播、通信、电网设施，加大乡村沼气综合利用技术的示范推广力度，抓好农田水利基础设施以及防灾减灾体系建设。进一步落实乡村义务教育政策，完善乡村教育基础设施的建设，健全中职学校困难家庭学生助学制度，开展城区与农村学校对口帮扶活动和多形式支教活动。实施乡镇卫生院改造提升工程，进一步扩大新型农村合作医疗的覆盖面，提高参合率，规范完善运作机制。三是要大力推进环境整治。认真开展家园清洁行动，突出解决农具乱放、柴草乱堆、垃圾乱倒、脏水乱泼、畜禽乱跑等"五乱"问题。四是要根据农村实际和农民特点，改进工作方式方法，变"说教式为沟通式、灌输式为服务式、空泛式为实效式"，切实增强工作实效。五是要切实深化各类创建活动。要开展文明村镇、文明户、五好家庭等多种形式的创先争优活动，对积极响应精神文明建设的集体和个人进行物质和精神奖励，推动精神文明建设进村入户。六是要充分发挥典型示范作用。要从群众身边选典型，依靠群众推典型，树立一批有时代特征、有不同层次、有群众基础的先进典型，通过典型带动影响一批农民。同时，要充分发挥基层党组织和党员的先锋模范作用，推进乡村文化建设步伐。七是要不断创新活动形式。要坚持"三贴近"的原则，采用丰富多彩又健康向上的、群众喜闻乐见的文体形式，在农村开展多种形式的社会主义文娱活动，并保证文娱活动的资金来源，让农民在潜移默化中接受教育、受到熏陶。

三、党政齐抓共管，加强乡村文化建设的组织领导

各级领导干部要转变观念，正确认识乡村文化建设的重要意义，按照党中央的有关精神，明确现阶段精神文明建设的主要任务，加强党对乡村文化建设的领导。

第七章 美化农村文化

(一) 坚持三个文明一起抓

我国正处于并将长期处于社会主义初级阶段。社会主义初级阶段的根本任务就是解放和发展生产力，发展壮大经济。这是解决国内、国外一切矛盾的首要条件，也是解决农村所有问题的前提和基础。因此，大力发展农村经济，不断增加农民收入，使农民得到更多的实惠，仍然是现阶段农村建设的主要任务。只有乡村物质文明建设好，才能使乡村文化建设建立在一个坚实的基础之上。只有物质文明、政治文明和精神文明三者全面协调发展，才能使农民群众的经济、政治和文化利益得到充分的实现。因此，必须坚持三个文明一起抓，推动农村的全面进步。以推进发展为根本，夯实乡村文化建设的经济基础。

(二) 完善组织领导体系，切实落实乡村文化建设

在乡村文化建设过程中，各级领导干部实行"一岗两责"制度，即无论在哪一个岗位上的领导干部，都要对本单位的两个文明建设负总责、负全责。建立全员思想政治工作制度，即发动全体干部和群众人人做思想工作。干部带着群众走；党员干部率先垂范，起到良好的带头作用。为使精神文明建设落到实处，必须调动广大农民群众的积极性，使群众在集体参与中受到教育、获得收益。既要重视精神文明的硬件建设，也要重视精神文明的软件建设。软件和硬件的关系是辩证统一的。在精神文明建设中，二者缺一不可。要真正对物质文明建设与精神文明建设的规划一起制订，两项任务一起部署，两个指标一起考核，两个方面的工作一起检查。要通过党的组织，把乡村文化建设的任务指标落实到乡镇、村的责任制中去，并建立全面、科学的考核体系，把考核结果作为干部任用和奖惩的基本依据。各级领导干部，尤其是农村基层干部要起模范带头作用，必须牢记全心全意为人民服务的宗旨，以健康良好的心态

为党工作、为人民工作,不能以一时的得失而左右自己的工作情绪,更不能贪污腐化、以权谋私、作威作福、欺压百姓。共产党员、领导干部在精神文明建设中不仅要成为积极的组织者,而且要成为实践的带头人,从自己做起,从现在做起,为乡村文化建设做出应有的贡献。当然,对从事精神文明建设工作的同志,工作上要关心,生活上要照顾,尽力帮助解决困难,使他们振奋起精神。

四、妥善把握和处理乡村文化建设过程中的各种关系问题

乡村文化建设涉及的关系非常复杂,当前要特别注意处理好以下几对重要关系。

(一) 正确处理精神文明建设和经济建设的关系

正确处理物质文明和精神文明建设的关系,是社会主义精神文明建设应遵循的基本规律。乡村文化建设也应遵循这一基本规律,处理好和乡村经济建设的关系。乡村文化建设必然服务、服从于经济建设这个中心。这里,服务与被服务的位置不能颠倒,服从的主客体不能易位。乡村经济发展和乡村文化建设是衡量乡村社会进步的两把重要尺度,是推动乡村社会现代化事业的两个互相联动的轮子。乡村经济的发展离不开乡村文化建设,大力开展乡村文化建设是乡村经济发展的客观要求,是促进乡村经济发展的思想保证、精神动力和智力支持;而要进行乡村文化建设又必须以大力发展乡村经济为前提条件。通过发展乡村经济,为乡村进步和全面发展提供新的强大动力,又为精神文明建设提供新的契机,注入新的活力。

(二) 正确处理精神文明建设中思想教育和法制建设的关系

教育不是万能的,乡村文化建设不能仅靠舆论力量和个人

的信念来维系,而必须依靠法制建设,依靠严格的依法管理。只有把自律和他律、提倡与禁止、软性约束和硬性约束相结合,才能形成良好的行为习惯,制止不文明的行为,形成良好的社会风气。邓小平提出,"我们现在搞两个文明建设,一是物质文明,一是精神文明。实现开放政策,必然会带来一些坏东西,影响我们的人民。要说风险,这是最大的风险。我们用法律和教育这两个手段来解决这个问题"。乡村文化建设的实践表明,农村中优美环境、优良秩序、良好风气的形成,要靠教育与法制的结合;要靠严格的管理;要在坚持不懈地对农民进行思想教育的同时,切实加强管理,特别是完善法律制度及约束恶行、惩治恶行的刚性约束机制;要将制度的刚性与法律的刚性有效结合。

(三) 正确处理灌输式教育和自我教育两种方式的关系

社会主义精神文明受经济发展制约,受社会成员不同思想觉悟与道德水平的影响。教育农民是乡村文化建设的最有效手段和主要途径。教育农民必须坚持灌输原则,因为农民不可能自发产生社会主义思想,只能自发产生私有观念和小农意识。社会主义思想和正确的伦理道德观念必须通过灌输,通过社会倡导才能注入每个农民心灵之中。在对农民实施教育的过程中,不能仅将农民视为被动的受教育的客体对象,而应将他们视为精神文明建设的主体依靠力量。改革开放以来,我国广大农民创造了许多自我教育的有效形式,从而呈现出村民讲道德,村貌美观,村风、民风和社会治安形势有明显好转,家庭和睦,邻里团结,党群、干群关系融洽,群众文化生活丰富多彩的好现象。农民自我教育活动的蓬勃展开为乡村文化建设注入新的活力,有力地推动了农村两个文明建设。

五、建立和完善乡村文化建设制度

乡村文化建设重在坚持，贵在落实。加强乡村文化制度建设是保证乡村文化建设收到实效的重要手段。精神文明建设无章可循；精神文明建设工作者肩上无担子，胸中无目标；精神文明建设成就缺乏必要的检验手段；广大农民群众视精神文明建设与己无关，自然会影响乡村文化建设的成效。

(一) 建立乡村文化建设的激励机制

乡村文化建设的激励机制，是运用心理学原理，利用物质激励和精神激励等形式，调动人们自觉参与乡村文化建设的积极性，保证乡村文化建设的目标能够顺利实现的外在动力机制。党支部、村委会将激励机制引入乡村文化建设，就能够使村委干部和居民始终保持亢奋的状态和竞争的活力，由此形成乡村文化建设的强大推动力。以健全的激励机制为保障，形成乡村文化建设的强大合力和张力。此外，通过各种形式的激励方式，还可以充分发挥农村各个主体在精神文明建设任务中的创造力和创新力。

(二) 健全乡村文化建设中基层干部的责任、考核和投入机制

当前极少数农村基层领导干部对精神文明建设工作重视不够，这主要表现在以下方面：一是责任意识不够。基层领导干部往往责任意识淡化，认识不够。"一手硬，一手软"的现象仍然存在。二是经费投入不足，导致基层活动开展难、宣传阵地建设难、工作取得实效难等。要解决这类问题，必须建立健全长效机制，形成推进工作的整体合力。首先，要建立健全责任机制。把各级党组织领导干部作为第一责任人，形成乡镇、村两级主要领导亲自抓、分管领导负责抓、职能部门具体抓、党政工团齐抓共管、"一级抓一级、层层抓落实"的良好格

局。其次，建立健全考核机制。突出量化硬性指标，像考核经济指标一样考核精神文明建设，组织定期检查、定期奖惩兑现、定期公布考核结果。把加强精神文明建设工作成效作为衡量各级党组织和领导干部执政能力及政绩的重要标准，纳入年度考核之中。最后，建立健全投入机制。县（市）、乡（镇）两级财政设立文化建设专项资金，鼓励社会力量支持文化建设，拓宽文化建设的投资渠道，形成多元化的投资格局，为加强乡村文化建设提供有效保障。

（三）结合农村实际和农民切身需要，创新工作方式

创新是一个民族进步的灵魂，是一个国家兴旺发达的不竭动力。改革开放30多年经济飞速发展，农村面貌发生了很大的变化，农民观念有了很大的进步，但是农村工作方式仍旧比较落后。如果不改变方式方法，仍旧沿用老套套、老方法，那么工作就很难有起色，就会出现"热在县里，冷在乡里，僵在村里"的现象。近几年来，各地推行的一些活动就足以说明了这一点。因此，必须根据时代的发展，结合农村的实际情况，采用农民喜闻乐见的形式，积极对乡村文化建设的工作方式进行创新。利用现代的科学技术手段和方法大力推进乡村社会主义精神文明建设。特别是现阶段农民群众自发开展的文化活动日趋活跃，民间资金投入乡村文化设施建设方兴未艾。我们必须加以支持、利用，促进乡村文化的繁荣。

参考文献

陈宏源.2011.新农村常用民俗知识读本［M］.芜湖：安徽师范大学出版社.

范光年.2008.新型农民素养读本［M］.石家庄：河北科学技术出版社.

傅江华.2016.农村经营管理［M］.北京：中国农业出版社.

刘西涛，王炜.2016.现代农业发展政策研究［M］.北京：中国财富出版社.